U0302014

雅 趣 小 书

丛书主编 鲁小俊

[清]刘源长 著

王 方 注译

谢晓虹 绘

长江出版传媒 崇文书局

前 言

　　鲁小俊教授主编的十册"雅趣小书"即将由崇文书局出版，编辑约我写一篇总序。这套书中，有几本是我早先读过的，那种惬意而亲切的感觉，至今还留在记忆之中。于是欣然命笔，写下我的片段感受。

　　"雅趣小书"之所以以"雅趣"为名，在于这些书所谈论的话题，均为花鸟虫鱼、茶酒饮食、博戏美容，其宗旨是教读者如何经营高雅的生活。

　　南宋的倪思说："松声，涧声，山禽声，夜虫声，鹤声，琴声，棋落子声，雨滴阶声，雪洒窗声，煎茶声，作茶声，皆声之至清者。"（《经鉏堂杂志》卷二）

明代的陈继儒说："香令人幽，酒令人远，石令人隽，琴令人寂，茶令人爽，竹令人冷，月令人孤，棋令人闲，杖令人轻，水令人空，雪令人旷，剑令人悲，蒲团令人枯，美人令人怜，僧令人淡，花令人韵，金石鼎彝令人古。"（《幽远集》）

倪思和陈继儒所渲染的，其实是一种生活意境：在远离红尘的地方，我们宁静而闲适的心灵，沉浸在一片清澈如水的月光中，沉浸在一片恍然如梦的春云中，沉浸在禅宗所说的超因果的瞬间永恒中。

倪思和陈继儒的感悟，主要是在大自然中获得的。但在他们所罗列的自然风物之外，我们清晰地看见了"香""酒""琴""茶""棋""花""虫""鹤"的身影。这表明，古人所说的"雅趣"，是较为接近自然的一种生活情调。

读过《儒林外史》的人，想必不会忘记结尾部分的四大奇人："一个是会写字的。这人姓季，名遐年。""又一个是卖火纸筒子的。这人姓王，名太。……他自小儿最喜下围棋。""一个是开茶馆的。这人姓盖，名宽，……

后来画的画好，也就有许多做诗画的来同他往来。""一个是做裁缝的。这人姓荆，名元，五十多岁，在三山街开着一个裁缝铺。每日替人家做了生活，余下来工夫就弹琴写字。"《儒林外史》第五十五回有这样一段情节：

一日，荆元吃过了饭，思量没事，一径踱到清凉山来。这清凉山是城西极幽静的所在。他有一个老朋友，姓于，住在山背后。那于老者也不读书，也不做生意，养了五个儿子，最长的四十多岁，小儿子也有二十多岁。老者督率着他五个儿子灌园。那园却有二三百亩大，中间空隙之地，种了许多花卉，堆着几块石头。老者就在那旁边盖了几间茅草房，手植的几树梧桐，长到三四十围大。老者看看儿子灌了园，也就到茅斋生起火来，煨好了茶，吃着，看那园中的新绿。这日，荆元步了进来，于老者迎着道："好些时不见老哥来，生意忙的紧？"荆元道："正是。今日才打发清楚些，特来看看老爹。"于老者道："恰好烹了一壶现成茶，请用杯。"斟了送过来。荆元接了，坐着吃，道："这茶，色、香、味都好，老爹却是那里取来的这样好水？"于老者道："我们城西不比你城南，到处井泉都是吃得的。"

荆元道:"古人动说桃源避世,我想起来,那里要甚么桃源?只如老爹这样清闲自在,住在这样城市山林的所在,就是现在的活神仙了!"

这样看来,四位奇人虽然生活在喧嚣嘈杂的市井中,其人生情调却是超尘脱俗的,这也就是陶渊明《饮酒》诗所说的"结庐在人境,而无车马喧"。

"雅趣"可以引我们超越扰攘的尘俗,这是《儒林外史》的一层重要意思,也可以说是中国文化的特征之一。

古人有所谓"玩物丧志"的说法,"雅趣"因而也会受到种种误解或质疑。元代理学家刘因就曾据此写了《辋川图记》一文,极为严厉地批评了作为书画家的王维和推重"雅趣"的社会风气。

辋川山庄是唐代诗人、画家王维的别墅,《辋川图》是王维亲自描画这座山庄的名作。安史之乱发生时,王维正任给事中,因扈从玄宗不及,为安史叛军所获,被迫接受伪职。后肃宗收复长安,念其曾写《凝碧池》诗怀念唐王朝，又有其弟王缙请削其官职为他赎罪，遂从宽处理，仅降为太子中允，之后官职又有升迁。

刘因的《辋川图记》是看了《辋川图》后作的一篇跋文。与一般画跋多着眼于艺术不同，刘因阐发的却是一种文化观念：士大夫如果耽于"雅趣"，那是不足道的人生追求；一个社会如果把长于"雅趣"的诗人画家看得比名臣更重要，这个社会就是没有希望的。

中国古代有"文人无行"的说法，即曹丕《与吴质书》所谓"观古今文人，类不护细行，鲜能以名节自立"。后世"一为文人，便不足道"的断言便建立在这一说法的基础上，刘因"一为画家，便不足道"的断言也建立在这一说法的基础上。所以，他由王维"以前身画师自居"而得出结论："其人品已不足道。"又说：王维所自负的只是他的画技，而不知道为人处世以大节为重，他又怎么能够成为名臣呢？在"以画师自居"与"人品不足道"之间，刘因确信有某种必然联系。

刘因更进一步地对推重"雅趣"的社会风气给予了指斥。他指出：当时的唐王朝，"豪贵之所以虚左而迎，亲王之所以师友而待者"，全是能诗善画的王维等人。而"守孤城，倡大义，忠诚盖一世，遗烈振万古"的颜杲卿却与盛名无缘。风气如此，"其时事可知矣！"他斩钉截铁地告诫读者说：士大夫切不可以能画自负，也不要推重那些能画的人，坚持的时间长了，或许能转移"豪贵王公"的好尚，促进社会风气向重名节的方向转变。

刘因《辋川图记》的大意如此。是耶？非耶？或可或否，读者可以有自己的看法。而我想补充的是：我们的社会不能没有道德感，但用道德感扼杀"雅趣"却是荒谬的。刘因值得我们敬重，但我们不必每时每刻都扮演刘因。

"雅趣小书"还让我想起了一篇与郑板桥有关的传奇小说。

郑板桥是清代著名的"扬州八怪"之一。他是循吏，是诗人，是卓越的书画家。其性情中颇多偶傥不羁的名士气。比如，他说自己"平生谩骂无礼，然人有一才一技之长，一行一言之美，未尝不啧啧称道。囊中数千金随手散尽，爱人故也"(《淮安舟中寄舍弟墨》),就确有几分"怪"。

晚清宣鼎的传奇小说集《夜雨秋灯录》卷一《雅赚》一篇,写郑板桥的轶事(或许纯属虚构),很有风致。小说的大意是:郑板桥书画精妙,卓然大家。扬州商人,率以得板桥书画为荣。唯商人某甲,赋性俗鄙,虽出大价钱,而板桥决不为他挥毫。一天,板桥出游,见小村落间有茅屋数椽,花柳参差,四无邻居,板上一联云:"逃出刘伶裈外住,喜向苏髯腹内居。"匾额是"怪叟行窝"。这正对板桥的口味。再看庭中,笼鸟盆鱼与花卉芭蕉相掩映,室内陈列笔砚琴剑,环境优雅,洁无纤尘。这更让板桥高兴。良久,主人出,仪容潇洒,慷慨健谈,自称"怪叟"。鼓琴一曲,音调清越;醉后舞剑,顿挫屈蟠,不减公孙大娘弟子。"怪叟"的高士风度,令板桥为之倾倒。此后,板桥一再造访"怪叟","怪叟"则渐谈诗词而不及书画,板桥技痒难熬,自请挥毫,顷刻十余帧,一一题款。这位"怪叟",其实就是板桥格外厌恶的那位俗商。他终于"赚"得了板桥的书画真迹。

《雅赚》写某甲骗板桥。"赚"即是"骗",却又冠以"雅"

字，此中大有深意。《雅赚》的结尾说："人道某甲赚本桥，余道板桥赚某甲。"说得妙极了！表面上看，某甲之设骗局，布置停当，处处搔着板桥痒处，遂使板桥上当；深一层看，板桥好雅厌俗，某甲不得不以高雅相应，气质渐变，其实是接受了板桥的生活情调。板桥不动声色地改变了某甲，故曰："板桥赚某甲。"

在我们的生活中，其实也有类似于"板桥赚某甲"的情形。比如，一些囊中饱满的人，他们原本不喜欢读书，但后来大都有了令人羡慕的藏书：二十四史、汉译名著、国学经典，等等。每当见到这种情形，我就为天下读书人感到得意："君子固穷"，却不必模仿有钱人的做派，倒是这些有钱人要模仿读书人的做派，还有比这更令读书人开心的事吗？

"雅趣小品"的意义也可以从这一角度加以说明：它是读书人经营高雅生活的经验之谈，也是读书人用来开化有钱人的教材。这个开化有钱人的过程，可名之为"雅赚"。

陈文新

2017.9 于武汉大学

雅趣小书

茶史

目录

译文

茶 史

雅趣小书

原文

茶 史

雅趣小书

◆

茶

史

◆

导　读

　　茶，源于中国，很早就有神农尝百草得茶而解的传说。自唐代陆羽著《茶经》，始有论茶专著，世人皆知茶论茶，中国茶文化自此形成。陆羽之后，有关茶事、茶道的著述也相继出现。其中，清代刘源长所著《茶史》，介绍细致，内容翔实，对了解饮茶习俗和中国茶文化有着积极作用。

　　刘源长，字介祉，江苏淮安人。少壮砥行，晚多著述，受人敬重。他酷爱饮茶，杂录诸茶书，编纂而成《茶史》一书。该书成书于清康熙八年（1669）前后，康熙十四年（1675），刘源长之子刘谦吉将此书刊刻于世，其曾孙刘乃大于雍正六年（1728）重刊。凡二卷，上卷记茶品，下卷记饮茶，共三十子目。为了满足广大读者的阅读需求，本书从中择取可读性、趣味性较强的十九个子目进行注译，分别为上卷的茶之原始、唐宋诸家品茶、采茶、焙茶、藏茶、制茶，下卷的品水、叶清臣《述煮茶泉品》、贮水（附滤水、惜水）、汤候、苏廙《十六汤品》、茶具、又录《茶经》四事、茶事、茶之隽赏、茶之辨论、茶之高致、茶癖、茶效。

　　茶是我们日常生活不可或缺的重要部分。喝茶人人都会，但欲饮一杯好茶却并非易事。所谓好茶，从茶树的生长环境，到采茶制茶的繁杂工序，到用水、茶具的选择，再到冲泡技法，每一步都有着严苛的要求。

　　"茶者，水之神；水者，茶之体。"（明张源《茶录》）水是茶的灵魂所在，只有大自然之水才能激发茶叶本身的神韵。且"水泉不甘，能损茶味"（宋蔡襄《茶录》），"然甘易而香难，未有香而不甘者也"（明田艺蘅《煮泉小品》）。择水先择源，唐代陆羽提出"山水上，江水中，井水下"（《茶经》），李濬认为山泉"能发诸茗颜色滋味"《慧山寺家山记》。而要成就一杯好茶，自然少不了得当的冲泡之法。泡茶讲究科学性。茶叶种类繁多，根据采摘时间先后分为春茶、夏茶、秋茶，根据制茶方法的不同分为绿茶、红茶、乌龙茶、白茶、黄茶、黑茶六大类……这些茶叶或重香、或重味、或重形，或明目、或消暑，只有熟知它们的特性和功效，冲泡有不同的侧重点，才可以使茶神透，茶色明，将茶叶本身的固有品质充分发挥出来。

　　科学的泡茶技术还需熟练掌握茶叶用量、水温、冲泡时间的合理搭配。"茶少汤多，则云脚散。汤少茶多，则粥面聚。"（宋蔡襄《茶录》，下同）至于煎水，"候汤最难，未熟则沫浮，过熟则茶沉。"意即水温过高，茶不鲜；水温过低，香味轻淡，茶中有效成分不易泡出。而冲泡时间的选择也受多重因素的影响，陆羽烹茶，"以末就茶镬，故以第二沸为合量而下"（宋罗大经《鹤林玉露》，下同），如果用沸水在茶瓯中煮茶，"则当用背二涉三之际为合量"，若用的是整片茶叶，宜在水五沸时冲泡。但茶与水的比例、水温、冲泡时间宜根据饮茶者的喜好与所需来决定。因此，泡茶也讲究实用性。

　　《茶经》云，"茶之为饮，最宜精行俭德之人。"饮茶虽为口腹之事，但更是一种精神享受。古往今来，生活中不乏爱茶之人，或歌之颂之，或饮之用之，甚至躬亲茶事，在煮茶品饮中使自己的身心得到放松和满足，得茶一杯，蠲烦涤虑，可谓"神融气平，如坐松风竹月之下"。

　　古今名家煮泉饮茶追求宁静淡远、抱朴归真的意境，是一种高层次的审美探求，大众饮茶则崇尚简单随性。了解茶及茶文化，对每个人来说都是极其必要的，在识茶、辨茶、赏茶的学习中，我们将对中国悠久的茶文化心怀敬畏。

王方

2017.12 于武汉大学

茶史

译文

雅趣小书

陆求可序

我曾从事茶叶研究，知道各著述大家。《茶经》一书论茶的起源、制茶和饮茶的方法、茶具，这是自陆羽才有的，此前从未听说。如今人人都知《茶经》，能说出茶之源、之法、之具。考察以往诸多传记，陆羽的生平原本就很传奇。（三岁被弃，不知父母是何许人。）问之于水滨，没有得到回复，于是以《易经》占卜，得《渐》卦，"鸿渐于陆，其羽可用为仪"（遂取名"陆羽"，以"鸿渐"为字），称竟陵子，又号桑苎翁。

陆羽曾行走于旷野，边诵诗边击木，徘徊良久不得志，于是放声痛哭而返。如今想来，他哪里是终其一生煮茶侍汤、捧定州花瓷点茶倒茶的人呢？天下固然容不下有违世俗的人，无处发泄之下，姑且借着煮茶、饮茶之事来消磨心中的抑郁之情。等到冥然间心领神会，将所思所悟著述成书，其书又尽道茶之旨趣，阐发茶之芳香，因此后人多争相传诵《茶经》。今人之著述，难道都是因郁郁不得志而有所寄托吗？茶最适宜德行高、修养好的人饮用，于白石清泉之间，煮茶之人神融心醉，茶有深味而人有独特的鉴赏和领悟。

前辈刘介祉先生，少壮之时，砥砺品行，晚年多有著述传世。其子六皆君，早年遍览群书，后在家颐养天年，其潇洒飘逸出尘脱俗的情致，不必取法陆羽，往往能发陆羽所未发之思。先生嗜好饮茶，闲暇之余，因陆羽著有《茶经》，遂广为辑录，著成《茶史》。世人曾说古人是今人所不能企及的，像先生这样的是不是会好一些呢？因有陆羽，《茶经》得以传世；因有介祉先生，《茶史》得以成书，陆羽和先生真乃异代知音呀。打开书卷，多次修订，如同两腋有清风吹拂，使人重见陆羽遗风。六皆君刊刻先生的文集，令我作序，而先生有益于修身养性的书不止此。六皆君著书立言满天下，读者受其泽惠，论者以麒麟和凤凰称道之。这是因为他受惠于家中世代相传的学问，非一朝一夕就能成就的。

康熙乙卯（1675）夏天，年家姻亲晚辈陆求可（字咸一）顿首拜撰。

茶之原始

　　茶树，原是产于我国南方的一种优良树木。有的高一二尺，有的高达数十尺。在巴山、峡川一带，有的茶树粗至要两人合抱，采摘时需将树枝砍下。茶树的树形像皋芦，叶子像栀子叶，花像白蔷薇，果实像棕榈子，蒂像丁香蒂，根像核桃根。（皋芦树生长在广州一带，与茶相似，味苦涩。棕榈属于蒲葵类树木，果实和茶叶籽相似。核桃和茶皆为深根植物，其根系需穿透瓦砾层，深扎地底汲取养分，苗木才能向上抽长。）

　　茶的名称有五种：一称"茶"，二称"槚"，三称"蔎"，四称"茗"，五称"荈"。（蔎音设，《楚辞》："怀椒聊之蔎蔎。"荈音舛。）

　　周公《尔雅》说："槚，就是苦茶。"

　　初采的茶称为"茶"，较晚采的茶称为"茗"，最晚采的茶称作"荈"。

　　现今大家多把早采的茶叫作"茶"，晚采的茶叫作"茗"，川蜀地区的人统一称作"苦茶"。

　　《本草·菜部》说："苦茶，一名茶，一名选，一名游冬。"

"茶"字，或从"草"部，或从"木"部，或既从草又从木。从草写作"茶"，从木写作"槚"，草木兼从写作"荼"，其字出于《尔雅》。"槚"字，也从"木"部。

上等茶树生长在土质坚硬的烂石土壤中，中等茶树生长在砂质土壤中，下等茶树生长在黄土壤中。

种植的茶树欲枝叶茂盛，需经过三年的生长才可以采摘。山野生长的茶品质最好，园圃种植的次之。生长在向阳山坡并有林木遮阳的茶树，芽叶呈紫色为佳，绿色的稍差；茶芽肥壮如笋者为上，芽叶展开如牙板者稍差；叶缘还没展开或反卷的品质好，叶缘舒展平直的次之。如果茶树生长在背阳的山谷阴地，那就不值得采摘了。

《茶经》中提到："《神农食经》说：'长期饮茶，使人精神饱满，心情愉悦。'"

晏婴担任齐景公的国相时，吃糙米饭，菜是三五样烧烤的禽鸟蛋品，以及茶（据刘源长"茗菜"译）和蔬菜。

华佗，字元化。《食论》说："长期饮茶，有益于思考。"

又说："茶作为饮品，始于神农氏，由周公旦作了文字记载而为大家所知。春秋时齐国的晏婴，汉代的扬雄、司马相如，三国时吴国的韦曜，晋代的刘琨、张载、陆纳、谢安、左思等人，皆爱喝茶。"（据《茶经》所言，神农氏时有茶叶，当时还是一种药品吧？）

茶之名，最早出现在王褒的《僮约》中，从陆羽著《茶经》开始流行。

古代没有茶。两晋和刘宋以来，吴人采集茶叶煮粥，称之为"茗茶粥"。

隋文帝尚未显达之时，梦到神人换其脑骨，自此脑痛不止。后遇到一僧人说："山中有一种茗草，煮了喝就会痊愈。"隋文帝喝了果真奏效，因此人们竞相采摘茶叶。进士权纾文为此写了一篇《赞》，大意是说："你苦心钻研孔子《春秋》，殚精竭虑地去演绎谶书《河图》，还不如拉来一车茶叶献于帝王。"（据此可知，到了晋唐，才有茶叶。）

宋代（应为唐代）裴汶所著《茶述》说道："茶兴起

于东晋，兴盛于唐朝。"

北宋开宝年间，朝廷下旨命开始制作龙团，以有别于普通百姓饮用之茶。自此，丁谓任福建转运使，（监造贡茶，始制大龙团茶，）载之于《茶录》。后蔡襄又造小龙团用以进献。

大小龙凤茶，始于丁谓，而成于蔡襄。

龙凤团，产于北苑的贡茶，从丁谓开始制作，蔡襄时发展成型。虽有官焙、私焙之分，但都是蒸青、揉捻、模印、造茶几个步骤，和雀舌、旗枪相比差之甚远。

宋人造的茶分为两种：一曰片茶，一曰散茶。片茶指将茶叶蒸青后制成片状，散茶指将茶叶蒸青后研碎弄散，与一些香料混合制成饼状，就是所谓的大小龙团。对于蔡襄的这种制茶方法，欧阳修赞叹不已。

茶叶中最贵重的莫过于龙凤团茶。每二十多个茶饼才重一斤，却价值黄金二两。然而，即使有黄金，茶叶也是买不到的。每年在南郊祭祀天地斋戒时，皇帝赐中书省和枢密院茶各一饼，两府各四人，共分一饼。宫中的人还常常在团茶上装饰金花，由此可以想见将这类茶看得何等贵重了。

杜诗中说："茶莫贵于龙凤团。"将茶制成圆饼，上面印制龙凤花纹，因是进贡给皇帝的，茶饼的封面需涂饰金银重彩。

苏轼诗云："拣芽入雀舌，赐茗出龙团。"

欧阳修诗云："雀舌未经三月雨，龙芽先占一枝春。"

《北苑焙新茶》诗云："带烟蒸雀舌，和露叠龙鳞。"

有茶榜言："雀舌初调，玉碗分时文思健；龙团搥碎，金渠碾处睡魔降。"

历代贡茶都以建宁所贡为最佳，有龙团、凤团、石乳、滴乳、绿昌明、头骨、次骨、末骨、京铤等各种名目，其中密云龙茶品最高，这些都是将茶叶碾碎后制成的茶饼。到了明朝，才开始用芽茶，有探春、先春、次春、紫笋及荐新等茶名，而龙凤团茶都已经没有了，福建的茶叶一直以来都优于其他地方所产茶叶。

《负暄杂录》说："唐代制茶，从不对建安茶排次列品。五代时，建安隶属南唐，各县茶民每年都去北苑采茶。最初造研膏茶，继而造蜡面茶，其后又造更为精良的茶，称之为'京铤'。宋朝太平兴国二年（977），始设龙凤图纹的模具，宋太宗派遣使臣到北苑督造龙凤茶，以有别于民间所饮之茶。还有一种茶树聚生在石崖边，枝叶尤其繁茂。至道初年（995），下旨制作，称之为'石乳茶'。还有两种茶叫'的乳茶''白乳茶'。自这四种茶出现以后，蜡面茶便降为下等茶了。"

宋真宗咸平年间（998-1003），丁谓任福建转运使，监造贡茶，龙凤团茶首次载入《茶录》。宋仁宗庆历年间（1041-1048），蔡襄任福建转运使，在大龙团茶的基础上改良生产出了贡茶小龙团。朝廷下旨命每年进贡，龙凤团茶的品次遂变得稍差了一些。

宋神宗元丰年间(1078-1085)，朝廷下旨造密云龙茶，其品次远在小龙团之上。

宋哲宗绍圣年间(1094-1098)，又改良生产出了瑞云翔龙，而密云龙茶又次之。

　　宋徽宗在大观元年（1107），亲作《茶论》二十篇。白茶自成一篇，与其他茶不同，白茶的枝条舒展显明，叶子晶莹剔透。在山崖丛林间，偶然生长出来，不是凭人力就可以得到的。长有白茶树的官焙不过四五家，每家不过四五株，所制造出的茶饼也不过一二銙而已。外焙茶园也生产这种茶叶，但品格就远不及此了，于是白茶被认为是当时最好的茶。之后不久又制出了三色细芽以及试新銙、贡新銙。自三色细芽茶出现后，瑞云翔龙也不及它了。

　　宣和庚子年（1120），转运使郑可闻（应为郑可简）首创银丝冰芽。将经过挑拣的熟芽再次剔除苞片和开叶，只取茶心一缕，用储存在珍贵器皿中的清泉浸泡，茶叶就会光洁晶莹像银丝一般。后用其制出了方寸新銙，看上去好像有小龙蜿蜒其上，称之为"龙团胜雪"。之后又废除了石乳、的乳、白乳三种茶叶，制出了二十余色新茶。最初，贡茶中都加了龙脑香，在考虑到香料会掩盖茶叶本身的味道后，才弃之不用。茶的美妙，到龙团胜雪已是极致了。因此，应将其列为茶之首冠，但却位列白茶之下。这是因为，白茶是皇帝所喜好的。贡茶每年都有十几批次，其中只有白茶与龙团胜雪是从惊蛰之后就开始制作了，十天才能够做好，要快马飞骑疾驰运送，这样仲春就可以抵达京师，称之为"纲头玉芽"。

附王褒《僮约》（节选）

家奴应听从各种驱使，不得讨价还价。……只能喝清水，不得好酒贪杯。想要饮美酒时，也只能沾嘴呫味，不得喝得杯底朝天，翻转酒斗。……做完事情想休息，必须先舂一石米。半夜无事，就要像白天一样洗衣裳。……如果不服管教，当打一百鞭。券文读了一遍后，……（家奴）就双手交替自打脸颊，眼泪直滴，鼻涕有一尺长，哭说道："如果真照王大夫说的办，还不如早点进黄土，任凭蚯蚓钻额颅！……"

唐宋诸家品茶

全国产茶的地方很多。论品次，剑南的蒙顶石花最佳，湖州的顾渚紫笋茶次之，峡州的碧涧䇲、明月䇲之类更低一等。可惜这些茶现在都再也找不到了。

产自浙西的茶叶，以湖州为上，常州次之。湖州茶产于长兴顾渚山中，常州茶产于义兴君山悬脚岭北崖下，论浙西所产之茶，湖州、常州为最佳。御史大夫李栖筠在义兴出任郡守的时候，（当时有和尚向他进献佳茗，）陆羽认为其品质优于其他地方的茶叶，于是李栖筠才开始向朝廷进贡此茶。当时的制度是，湖州紫笋茶要在清明日送达朝廷，先用来祭祀宗庙，后分发给亲近的大臣。

袁州的界桥茶，名气很大，但不如湖州的研膏茶、紫笋茶，煮出来后有绿脚下垂。故韩愈作赋（疑为宋代吴淑的《茶赋》）说："云垂绿脚。"

叶梦得所著《避暑录》载："北苑茶园有曾坑、沙溪两个产茶地，沙溪所产茶叶色泽鲜白，优于曾坑茶，只是回味短而口感微涩。极品草茶只有双井茶、顾渚茶两种。双井茶产于分宁县，其产地位于黄庭坚住宅附近。顾渚茶产于长兴县吉祥寺，这里一半的茶园归刘希范侍郎家所有。两地种植面积各有几亩，每年所产也不过五六斤，这就是极品茗茶之所以难得的缘故。"

各地所产茶品种众多，以顾渚、蕲阳、蒙山出产的茶叶为上品，寿阳、义兴、碧涧、湄湖、衡山产的茶次之，鄱阳、浮梁这两个地方产的茶最差。人们如此嗜好饮茶，在西晋以前从未听说。所以，即使过去又味道极好的茶叶可能也不为人所知。

唐朝人最重视阳羡茶。

陆羽的《茶经》、裴汶的《茶述》都没有记载建安茶品。到了唐末，北苑所产茶叶成为贡茶。

黄儒在《品茶要录》中说，陆羽的《茶经》不列建安茶的品次等级，这大概是因为在此之前还没有盛行饮茶，山川尚且闭塞，露芽、真笋类的好茶往往任其枯萎腐败，然后消失，人们却不知道珍惜。到了宣和年间（1119-1125），又出现了白茶、龙团胜雪，如果让黄儒看到了今日之茶，那之前他所见的茶，就没有什么可值得惊诧的了。

陆羽认为岭南茶味最佳。近世因岭南多瘴疬，水草受到了污染，不仅水不能轻易饮用，就连茶叶也要慎重选择。大概好茶因时生长，因地发生变化，所以有所不同吧。（按：如果茶生长在云雾缭绕的山顶，采茶最好在日出之前。）

黄庭坚论茶说："饮建溪茶好似听到割锯声，饮双井茶好似听到雷霆声，饮日铸茶好似听到伐木声。"（劮，音最，砍削东西的意思。又音血，拽的意思。）

近来像吴郡的虎丘、钱塘的龙井，茶香浓郁，与罗岕茶可以并列，可惜不可多得。商贩往往用天目茶冒充龙井茶，用天池茶冒充虎丘茶。但天池茶喝多了就会腹胀，现在也多将其列为次等茶叶了。

采茶

《茶经·三之造》说："采茶一般都在农历二、三、四月之间。天若有雨则不采，天气晴朗时采。"

采茶，必在黎明之际，这时候太阳还没有出来。如果等到太阳出来再去摘，晨露接触阳光后蒸发变少，茶的养分被消耗，水分又丧失，不鲜且失精华，所以采茶常以早为好。

采茶，需在天气晴朗时进行，炒茶要火候适中，贮茶方法也要得当。

另有一种说法是，采茶要等到太阳出来，山中晴朗，山间的雾瘴之气散尽时再采。

采摘茶芽要用指甲，不用手指。用指甲可以很快把芽掐断而不会使芽变软，用手指的话，因指温过高易使茶芽受损，失掉水分。

采摘茶叶不必太细，细小的茶芽刚刚萌发，味道不足；也不必过青，茶叶过青说明茶叶过老，味道欠嫩。必须在谷雨前后，寻找成梗带叶、厚厚团聚在一起的微绿色茶叶，这才是上品。

茶树适合生长在高山的阴面，但喜欢早上阳光能照射到的地方。凡是向阳的地方，每年这里的茶叶早早地就萌发出来了，且芽叶极其肥嫩。

茶芽形状像雀舌、麦颗。

茶芽像鹰爪、雀舌的是上品，一芽一叶的次之；还有被称为一枪二旗的，即一芽带两叶。

陆羽的《顾渚山记》中说："顾渚山中有一种灰白色的鸟，叫鸲鹆，每到农历二月就可以听到它的叫声，预示着'春起也'，到三月鸟鸣就没有了，预示着'春去也'。所以，采茶的人称这种鸟为报春鸟。"

茶花冬天开放时，似梅，气味清香。

古人采茶，在农历二三月之间。采摘建溪茶也有这样的说法：如果气候温暖，惊蛰前就已发芽；如果天气冷，则在惊蛰后五天发芽。先长出的茶芽气味不好，只有过了惊蛰长出的茶芽品质才最佳。民间通常把惊蛰视为制茶节气，为什么古时风气如此？这个时节还是太早了。现在多以谷雨为制茶节气，恐清明太早，立夏太迟，在谷雨前后，时节适中。好的茶叶绝不提前采摘，必待其生长充分，韵味悠长，色泽鲜明，色香极好，又易收藏的时候再采。只有罗岕茶，必须在夏天之前采摘。初次试摘茶叶，称之为开园。正当立夏时节所采之茶，称作春茶。这是因为当地气候偏寒，所以要等到立夏时节才采。到七八月再采一次，称作早春茶，品质更佳。

茶树有人工种植和野生之分。种植茶树要用茶子，茶子如指甲大小，正圆形、黑色。农历二月播种，一般要一百颗种子才会长出一棵茶树，空壳的居多。茶树惧怕水和阳光，最好种在坡地的荫凉处。

凡种茶树，必用茶子，移植的茶树会死掉，因此在聘娶新妇时必以茶为聘礼，取其从一而终的含义。

焙茶

采茶时，应先选择技艺精良的茶工，加倍给他们工钱，告诫他们采茶时勿揉搓，制茶时勿令茶叶生硬，也不可过焦，仔细将茶叶炒制干燥，扇冷后再贮藏到瓮中。

茶叶是否干燥，要用手指拈起来，以是不是即成粉末为检验标准。

焙茶的时候，切莫在通风的余火上进行。因为风一吹，火焰一闪一闪，像钻子一样，会使茶受热不均匀。烤饼茶要靠近火，不停地翻动，等到茶叶被烤得凸起了像蛤蟆背上的小疙瘩，再离火五寸远继续烤。当卷曲的茶饼又伸展开，按先前烤茶的方法重复进行。

茶饼夏至过后三天需烘焙一次，秋分过后三天烘焙一次，冬至过后三天再烘焙一次。连山中烘焙的两次，一共要烘焙五次。后直到明年新茶产出之际，茶的色、香、味道都不会变。

有些茶宜用日光晒干，颜色青翠、清香洁净，胜于火焙之茶。

如果茶是烘干而成的，要烤到水汽蒸发完为止；如果茶是晒干而成的，要晒到柔软为止。

晒干的茶叶必定会有日晒味，晒的时候用蓝布遮盖就可以避免。

藏茶

茶，适宜用箬叶包裹存放，惧怕气味浓烈的香料，喜温暖干燥的环境，忌潮湿阴冷。因此收藏茶叶的人需用箬叶封好茶饼，放进茶焙中翻烤，两三天一次，火的温度应接近人体的温度，这样用来抵御潮湿。如果火焰过旺，茶叶烤焦就不能食用了。

用中等大的坛子盛茶，大约十斤一瓶。需要把烧好的稻草灰放入大桶之中，再将茶瓶放入桶中，用灰把四周填满，茶瓶的上面也要用灰压实盖好。每次取用时，拨开灰打开茶瓶，取茶少许，仍旧密封茶瓶，覆上灰，这样就不会出现蒸坏的弊病了，次年另换新灰。

在空楼里面悬一个架子，把茶瓶口朝下放置，这样就不会使茶因有湿气而受潮了。因为湿气是从上往下走的。

用干燥过后的宜兴小瓶装茶，大约可盛三四两。需从藏茶的大瓶中取出，以备不时之用。

每次取用后，大瓶中的茶叶分量渐减，可以用干箬叶填满空出的空间，如此一来，即使长时间储藏，茶味也不会外散。

茶叶刚制出来时是青翠色，如果储藏不当，就会变成绿色，接着变成黄色、黑色，茶叶一旦变成黑色就不能饮用了。

藏茶是为了让茶叶保持干燥，煮茶是为了让茶叶变得洁净。

造茶讲究精致，藏茶讲究干燥，泡茶讲究洁净。精致、干燥、洁净，这就是所谓的茶道了。

所藏茶叶必须筑实，仍然用厚厚的箬叶把瓮口填满，再将瓮口扎紧，密封严实。放置茶叶的地方，宜贴近人气，足够干燥，不可过于幽暗隐蔽。到了梅雨潮湿闷热的季节，需再烘焙一次，趁热放入瓶中，像之前一样封裹。

储藏茶叶应用锡瓶，再在竹笼上下及周围用厚厚的箬叶紧紧包裹。即使储藏了两三年，取出后，还是如新茶一般。

取茶一定要在天气晴朗的时候，先用热水洗手并擦干，根据饮用天数斟酌需取出茶的分量，然后用箬叶塞满瓶口，避免取茶后瓶子留出的空隙生风，损伤了茶色。

忌用纸包裹茶叶过夜。

◆　　　徽茶的芽叶十分新鲜娇嫩，很难经受再次烤焙。

　　　近来，人们烧红炭密封冷却后，用纸裹着放在瓶中，然后再放入茶叶，这种方法十分巧妙。或者用纸裹一块石灰，也是极妙的。

制茶

精挑细选出的茶叶，每一茶芽先去掉外面的两个小叶，称之为乌蒂。接着又去除两个嫩芽，嫩芽叫白合。

乌蒂、白合是茶叶的两大隐患。如果不去掉乌蒂，茶汤的色泽就显得黄黑，使人厌恶；如果不去掉白合，茶汤的味道就会变得苦涩。

蒸茶芽的时候一定要把它蒸熟，压茶的时候一定要完全去除茶中的油脂。如果茶芽没有蒸熟，茶叶中就会存有草木的气味；如果膏未去尽，茶色就会浑浊且茶味过重。蒸芽时火中烟气过多会侵夺茶的香味，压黄去膏时久压而不研就会使茶味丧失，这些都是制茶过程中的弊病。（按：虎丘茶不宜压黄去膏，否则就会没有茶味，应以炭火烘干为佳。）

茶芽选择肥嫩厚实的，煮出的茶水就会甘甜清香，茶汤表面如熬出的粥面一样泛出光泽，着盏而不散。如果是因土地贫瘠长得短小的茶芽，煮出的茶汤就会云脚涣散，沫饽入盏易散。如果茶梗长，烹煮后就会色泽鲜白；茶梗短，烹煮后就会色泽黄泛。

（梗为叶之身，除却白合，茶的色与味都藏在梗中。）

采来的茶一般都是先拣后蒸，只有水芽，是先蒸后拣。

采摘茶叶，放入甑中蒸熟，用杵臼捣烂，再放到模具中拍打成型，接着焙干，最后穿孔、封装。从采摘到封装，制茶一共要经过七道工序。

如果正当寒食节前后，民间禁火，这时到郊野寺庙或深山茶园，大家一起动手采摘茶叶并蒸熟、捣碎，用火烘干（然后饮用），那么，棨、扑、焙、贯、棚、穿、育等七种制茶工具及制茶的七道工序都可以略去不用了。（棨，是放置兵器的栏架；棚，射箭时用手将箭杆控制在弓背中部，大概是说，棨是给茶饼穿孔，便于收藏的；扑是用来把未烘焙的茶饼穿成串，以便搬运的；焙是烘烤茶饼，以便使茶干燥的；贯是焙茶时用来贯穿茶饼的；棚是使茶覆在上面，用来烤焙茶饼的；穿是用来贯穿制好的茶饼的，使之连在一起；育是用来藏茶养茶的。这是古代蒸碾茶饼的事情。现今芽茶的制法与此不同。）

好茶，要在春社前制造，其次要在火前（寒食前）

造，再就是雨前（谷雨前）造。唐代僧人齐己的诗说："高人爱惜藏岩里，白甄封题寄火前。"这首诗提到了火前制茶，却不知道春社前制茶为佳。（甄，音坠，大腹小口的瓶。）

名茶骑火茶，制茶时间不在清明前后，而在清明当日。清明前为寒食节禁火，到了清明可以生火做饭，所以称清明那日为"火"。

茶团、茶片虽皆出自古代制茶之法，但制茶时也都对茶进行碾压、研磨，这样就失去了茶天然的味道。

采茶一定要精细，洗茶一定要干净，蒸茶一定要使它散发出香味，焙茶一定要把握好火候。

制茶人家碾茶，须令眉须发白、年长的碾者来操作，这样才能碾出好茶。

采茶叶，必须挑拣大小、厚薄、颜色一致的混合在一起，抽去茶叶中间的叶脉，剪去头尾，这样茶叶就可以长时间保持绿色，不然会很容易变成黄黑色。

品水

　　宋初翰林学士陶榖说："煮茶的重要条件就是水。因此，水的品质至关重要。"

　　茶是水的灵魂，水是茶的身体。如果水不是天然水，就无法显现出它的神韵；如果茶不是好茶，水的本质也无法完整表现出来。

　　《礼记》中说："水叫做清涤。"

　　《文子》有言："水本性是洁净的，只不过沙石污染了它。"

　　蔡襄说："如果泉水不甘甜，会损坏茶的味道。"

　　《莽赋》中说："水要选择岷山上的水，舀起那清流用来煎茶。"

　　陆羽说："山上的水为上等，江水次之，井水最差。"又说："山水，最好选取乳泉、石池这种水流不急的，奔涌湍急的水切勿饮用，长期饮用会让人得颈部疾病。"

　　山下流出的泉水称为"蒙"。蒙，幼稚初开之意。物刚刚形成时，天性保全而不丧失；水刚流出时，天然之味保全而不被损害。

乳泉石池间缓慢流淌的水，就是所谓的蒙水，因此，山上的水品质最佳。如果水流湍急，则非蒙水，因此告诫人们不要饮用。

山厚重高大，那么泉水自然也厚重；山奇峻，那么水自然也奇峻；山清奇，那么水自然也清奇；山幽丽，那么水自然也幽丽，这些都是上好的泉水。

山散发阳气产生万物，阳气的散发形成绵长的气脉，因此说"山上的水为上品"。

《博物志》中说："石乃金之根本，石的精气流溢出来成为水。"又说："山泉可以汲取地气。"

不是从石中流出的泉水肯定品质不佳。所以《楚辞》中说："饮石泉兮荫松柏。"

皇甫曾在《送陆鸿渐山人采茶回》中说："幽期山寺远，野饭石泉清。"

梅尧臣在《碧霄峰茗》诗中说："烹处石泉嘉。"又说："小石冷泉留早味。"

山泉能够刺激茶叶的颜色和滋味散发出来。

　　洞庭山人张源在《茶录》中说："山顶的泉水清澈轻盈，山下的泉水清澈厚重，石中流出的泉水清澈甘甜，沙中渗出的泉水清澈寒冽，土中形成的泉水清澈绵厚。流动的泉水要比静止的好，在山背阴面的泉水要比向阳面的好，山势陡峭的地方泉水少，山势挺拔俊秀的地方泉水有神韵。"

　　汲江水应远离人居处。远离人们居住的地方，水质自然干净且不断流。

　　扬子江，就是长江。南泠泉那一段水经过石崖聚留成深潭，水品被认为是最好的一类。而吴淞江的水品为最下等，为什么也被归入好的一类了呢？

　　井水要取用那些经常被汲取、出水多的。这是因为经常有人汲水的井，水中富含氧气，气流通畅，活性高，然而井水因源脉不明显，味道稍显苦涩，终究不是最好的水。

　　灵水

　　灵水是"天一生水"，清明不淆乱，是上天自降之水。古人所说的"上池之水"不也是这样吗？

雨水

雨水是天地间阴阳调和的产物，天布施于地，水从云上来，顺应天时就能滋养万物。

《拾遗记》有言："香云遍润，则成香雨，这些都是灵雨，可以用来煎茶。"

风雨和顺，云层舒朗，雨水也会甘甜。

如果是飞龙行雨，或是大雨滂沱，连绵不停；或干旱而冷冻；或腥气浓重，色泽发黑；以及从屋檐上滴落下来的水，这些雨水都是不能喝的。

雪水

雪是天地间寒气的积累。

《汜胜书》中说："雪是五谷的精髓，以此煎茶，有幽人清雅的情致。"

陶毅用雪水来烹煮团茶。

丁谓《煎茶》诗中写道："痛惜藏书箧，坚留待雪天。"

李虚己《建茶呈学士》诗中说："试将梁苑雪，煎动建溪春。"所以说，雪尤其适合用来泡茶。

又说："雪水虽清洁透明，但因其本性阴寒，不宜过多收集。"

吴瑞说："用雪水煎茶，可以解热止渴。"

陆羽品水，雪水位列第二十（最末），他说："用雪水煎茶过慢且太冷。"

冬雪可以解所有的毒，春雪中有虫子，易败坏水质。

冰水

冰，深谷阴气汇聚，郁结而成的寒气。地上有灵气的只有水，而冰凝结成晶且冷，这是清寒到了极点。

谢灵运诗云："凿冰煮朝飧。"

唐朝隐士王休，居住在太白山下，每年冬天敲取结成冰的晶莹溪水来煮建茶，供宾客品饮。

梅水

山水、江水品质很好，如果不邻近江河、大山，只有多贮藏点梅雨了。梅水味甘甜，是滋养万物之水。

《茶谱》中说："梅雨时节，备好大缸储水，用来煎茶，味道甚美，经过一宿水也不会变色。梅水宜贮藏在瓶中，这样就可以保存很长时间。"

芒种后，逢壬日、庚日或丙日进入梅雨季节。自然规律的运行自南至北，凡是季节、气候皆如此。因此闽粤地区的万物要比吴、楚两地早熟半月之久。现在江南的梅雨快要结束了，而淮河以北才刚刚开始，至于黄河以北，要到七月了。有时只是稍有霉气，人不易察觉。因此，梅雨的时间要根据不同的地方来讨论。（一作黴，一作霉。）

芒种过后逢壬为入梅，小暑过后逢壬为出梅。

在此之前的雨称为迎梅雨，在此之后的雨称为送梅雨，在这期间下的及时雨称为梅雨。

《埤雅》云："今江南、湖南及浙东、浙西地区，将四五月梅子要黄时下的雨，称为梅雨。"

梅水、雪水，需储藏一段时间待其完全澄澈，才能用来烹煮茶叶，味道甘甜鲜美。

秋水

秋日天高气爽，山间深渊潭水清冷，雨水亦澄澈，适合用来煎茶。

陈继儒认为烹茶以秋水为上，梅水次之。

竹沥水

浙江天台山的竹沥水最佳，如果掺杂其他的水，就会马上败坏水味。

苏舜元曾与蔡襄斗茶，蔡襄使用惠山泉水，苏舜元使用竹沥水，所以能够取胜。

泉水贵在清澈凛冽，其中最难得的不是清澈，是有寒性。但如果因为流过沙石而变清澈，或在石涧深处积聚了阴气而带有寒气，这样的泉水，亦非佳品。

石少土多、细沙与泥凝聚处的泉水，一定不够澄澈凛冽。

泉水贵在甘甜芳香。《尚书·洪范》中说："稼穑作甘。"黍甘甜的味道就是香，黍只有甘香才能养人。泉水只有甘香，才能滋养人。然而水甜容易，要有芳香却很难，还没有只香不甜的泉水。

凡是泉边生有贱劣的树，它的叶子和根部均被水滋养，这些都会损害水的甘香，有些树甚至能够滋生毒液。

洞庭山人张源还说："天然的泉水无味无香。"

唐庚在《斗茶说》中说："不管是江水还是井水，最重要的是活水。"

有黄金的地方水必然清澈，有明珠的地方水一定美好，有蚊卵和蛤蟆的地方水肯定腥腐，有蛟龙的地方水肯定深黑。水的好坏不可以不加以辨认。

叶清臣《述煮茶泉品》

吴楚两地的山谷间，空气清新，土地灵异，孕育生长着许多茶树。大体说来，这里产的白乳茶质地优于武夷山所产之茶，紫笋茶质地胜过吴兴地区所产之茶。禹穴的茶叶以天章出产的最有名，钱塘的茶以径山产的最为珍稀。至于说到连绵的庐山山岩、高高的衡山山麓（此皆名茶产地），鸦山茶著称于宣城、歙县一带，蒙顶茶传名于四川地区，这些名茶都各有优缺点，如果要一一列举，实在是过于繁琐了。

然而由于茶叶所拥有的天然资质迥异，茶的本性不相和，如若制茶技艺不精妙，烹煮没有掌握一定的方法，即使是在惊蛰前茶叶已长成、谷雨前已将茶叶压制成饼状，再按照茶书上说的步骤进行烘焙和制茶，而使用的泉水不够甘美，那么烘焙、冲泡出来的茶就像有泥沙、渣滓一般浑浊。

我幼时看过温庭筠的《采茶录》，曾记得他所谈到的泉水名目大约有二十个。后来适逢向西游历到达巴峡，经过虾蟆窟，向北游历小憩芜城，汲取蜀冈井水，向东游历金陵故都，渡扬子江，酌取丹阳观音寺泉水，经过无锡时，汲取惠山寺泉水。将茶叶碾成细末，以兰花作香苏，以桂树作薪柴，用鼎或者缶作为茶器，烹点品饮，无不使人感到清心涤虑、除病解酒，驱走粗鄙吝啬的私心，使人变得爽朗达观。的确可以说是物类的相得益彰，气味的感应而发，这些都是幽人隐士的高雅习尚，是前辈贤士的精神品鉴，实在是不可企及。

嘻！紫华、绿英等各种名茶，不过都是生长的一株草；清澜、素波等各地的名泉，也不过都是一池水。或在层出不穷的名目中被遗忘，或得到知己的喜爱赞赏。如果不是这样，那与聚集而生的草木和沟河之流，有什么不同呢？在我宦游苏州时，初次受官，累年任职，不断涌出的虎丘水、清澈的淞江水，都在我的管辖区域内。于是我舀取来品尝了一下，按照张又新《煎茶水记》说的陆羽论定的天下名水二十等，我这里占了七等。以前郦道元著有《水经注》，熟识天下山水，却不通晓茶事；王肃有饮茶的癖好，却不见他讨论水品，能同时记载茶、水这两件美事，我差不多可以感到无愧了。张又新所记的二十水品，我将其罗列在文章后面。如果想要尽其神奇奥妙，饮茶四两便可有奇特的功效。以茶代酒，最多以七升为限，莫忘会心品赏茶味。

贮水（附滤水、惜水）

贮水用的陶瓮须放置在阴凉的庭院中，用纱布或布帛覆盖，使其夜间承受星光雨露之气，绝不能在太阳下暴晒。

饮茶最重要的是茶水新鲜有灵气。如果煮茶用的水不够新鲜，失去了灵气，那么与用沟渠水有什么区别呢？

取白石子放在盛水的瓮中，可以滋养水本来的味道，也可以澄清水质。

选取水中洁净白石和泉水一起煮，茶汤的味道会十分美妙。

取水一定要用瓷瓯，轻轻从瓮中舀出，慢慢地倒入铫中，千万不要用力过猛，使得瓮中水花四溅，以致败坏了水质。（按：好的泉水放时间久了颜色、味道都会改变，用新打来的水冲洗，这方法极妙。）

储水忌讳用新的器皿，因为新烧制出来的器皿火气还没有完全退去，易败坏水质，还易导致水中生虫。

瓮口的盖子宜严谨牢固，防止老鼠因干渴偷水喝，掉进去溺死。

如果泉水中有虾蟹、小虫子，味道很腥，需马上淘洗干净才好。

有一种极其微细的虫子，肉眼不可及，这种情况下宜用材质很细、夏天用的布料做成勺状，套在瓷杯上从缸中取水进行过滤，再用细帛制作一个小勺，放在铫口流水处，再次过滤后重新倒入缸中。

僧人喝用罗滤过的水，虽是唯恐伤生，但也是因为滤过的水洁净。这不仅是僧家的戒律，修道的人也这样做。

僧简长有诗云："花壶滤水添。"

于鹄有诗云："滤水夜浇花。"（以上五则是关于滤水的事情。）

凡是接近水质好的泉水，不可以轻易在那里洗涤东西，违反的人往往会被山林所憎。

佳泉难得，对此进行珍惜也是在做善事。

章孝标《松泉》诗中说："注瓶云母滑，漱齿茯苓香。野客偷煎茗，山僧惜净床。"说"偷"是因为水的确珍贵，说"惜"意在不随意用水。(以上这些是关于惜水的事情。）

汤候

　　李约，字存博，汧国公李勉的儿子。为人风雅，淡泊高远，酷爱山林。一生不近女色，嗜好饮茶。他曾说："茶必须用温火炙，活火煎。"南宋李南金又说："陆羽《茶经》分别以鱼目、涌泉、连珠来形容煮水三个阶段的特征。然近世以来，很少用鼎镬，而是改用茶瓶来煮水，从外面难以观察把握水的状态。这就应当以煮水的声音来分辨一沸、二沸、三沸了。水开始沸腾时，水面犹如鱼眼散布，发出微微响声，这是一沸；水沸腾到一半的时候，水四边的气泡犹如泉涌，连珠般出现时，称作二沸；水沸腾到最后时，水面犹如波涛奔涌、水沫飞溅，已经是三沸。煮水的三沸之法必须使用活火。所谓活火就是炭火烧出的焰火，使用活火可以去除多余的薪柴烟气、污秽之气。"

　　煎水时不应让水无节制地沸腾，要等到水汽全部消散。比如三火之法，这样才称得上煮茶。

　　养茶也是如此，需勤加观察，把握水沸的状态，才可以涵养茶的色香味。

　　屠隆说："（如果）用柴火煎茶，在柴火刚点着、锅刚刚烧热时，就匆匆冲泡茶叶是不可取的，因为这时水汽未消，水还太嫩。水过十沸就像人过百岁，或与人聊天、处理事情没有及时冲泡，这时开水就已经失去本性，过老了。太嫩和过老的水，都不可用。如苏轼所说：'蟹眼已过鱼眼生，飕飕欲作松风声'，此语尽道煮茶时水沸腾的状态。"

顾况，号逋翁，论煎茶时说："煎茶要用小火细烟，烹煮要用小鼎长泉。"

苏轼有茶诗说："李生好客手自煎，贵从活火发新泉。"又说："活水仍将活火煎。"

苏轼有诗说："银瓶泻汤夸第二。"又说："雪乳已翻煎去脚，松风忽作泻时声。"

朱熹有诗说："地炉茶鼎烹活火。"

黄庭坚有诗说："风炉小鼎不须催，鱼眼常随蟹眼来。深注寒泉收第一，亦防枵腹暴干雷。"

黄庭坚在《茶赋》中说："汹汹乎如涧松之发清吹，皓皓乎如春空之行白云。"可以说体悟到了煎茶的真谛。

谢宗在《论茶录》中说："茶饼烘烤后，表面粒粒鼓出如蟾背一般，芳香怡人，煮水使用的三沸之法，需用活火才可以完成。观察煮水时水面的气泡，水将沸时如虾目蟹眼般涌现，煮茶用的水，也需要仔细甄别，不能以次充好。"

煮茶有三火、三沸之法。像李南金诗中所说"砌虫唧唧万蝉催，忽有千车捆载来。听得松风并涧水，急呼缥色绿磁杯"这样，煮出来的水过老了。哪里比得上罗大经说的"松风桧雨到来初，急引铜瓶离竹炉。待得声闻俱寂后，一瓯春雪胜醍醐"，火候把握最恰当。

罗大经说："瀹茶之法讲究茶汤要嫩，不可过老。因为水嫩则茶味甘香，水老则茶味过苦。如果水的声音像松林起风、涧水流淌，这个时候立即冲茶，难道不会因水老而味苦吗？只有赶忙移开茶瓶，撤去柴火，稍待沸水平息之后再进行烹点，那样水的温度会比较适中，茶味甘香。于是，我（在李南金之后）补充了'松风桧雨到来初'这首诗。"

陆氏烹茶之法，是把茶末放在大锅中煮，所以在水第二沸时放茶比较合适。如果按照现在的烹茶方法，用沸水在茶瓯中冲点茶末，则当以二沸已过、刚到三沸之时作为停火点茶的最佳时机。于是（李南金）写下一首专咏声辨的诗，此诗即那首"砌虫唧唧万蝉催"。

赵师秀诗说："竹炉汤沸火初红。"

蔡襄认为泡茶的水要鲜嫩不可过老，这是针对团饼茶而言的。如今茶叶都是芽叶枝梗，如果水热不够就不能使茶的神韵发挥、色泽显现，所以斗茶时要想取胜，尤其要在水第五沸时进行冲泡。

古人制茶，必须经过碾、磨、罗等工序，唯恐茶末纷飞，于是混和其他香料做成了龙凤团茶饼。茶末见水之后，其神韵便会散发出来，这就是蔡襄主张茶汤用嫩而不用老的原因。如今制茶，不再使用茶罗、茶碾等工具，而是完全保持茶叶天然的芽叶状态，这样茶汤就必须达到纯熟（才能使茶叶的神韵得到充分发挥），所以说"汤须五沸，茶奏三奇"。

水面浮起水泡如虾眼、蟹眼、鱼眼、连珠，这四种都是萌汤，直到水面似波涛沸腾，水汽全消，水才是真的熟了。如果听到初起之声、旋转之声、振动之声、骤雨之声，这四种都是萌汤发出的声音，直到水无声，水才是真的熟了。如果水汽浮起一缕、二缕、三四缕，甚至混乱不分、氤氲环绕，这都是萌汤的标志，直到水汽升腾冲贯，水才是真的熟了。

水完全熟后，便可以取用点茶了。先往壶中注入少许，去除壶给汤水带来的冷气，倒出后再投茶。所放茶叶的多寡以泡茶两壶为宜，再用冷水洗一下，给壶降温清洁，这样泡出的茶才能不减香气。

点茶的时候，如果茶少水多，那么茶末散乱，茶水分离，汤花就会很快消散，无法形成云头雨脚的形态。如果茶多水少，那么茶末聚集在水上，好像粥熬得太稠，表面凝结了一样。因此，茶的多寡要适当斟酌。

烹茶要特别注意火候。如果火力过小，烧出来的水性就柔和，水性柔和就会被茶所降伏；如果火力过猛，那么烧出来的水性就猛烈，水性猛烈茶就会被水所限制。

蔡襄说，候汤是饮茶中最难把握的一个环节。如果水温不够，投入的茶末会漂浮在水面；如果水过热，投入的茶末就会沉底。前人所谓的蟹眼，指的就是过熟的开水。况且水是放在瓶中煮的，不易分辨水温，所以候汤最难。

《茶寮记》记载："煎茶要用活火，等到水泡鳞鳞泛起，泡沫浮于茶面时，把茶末放到茶具中。先倒入少量开水，等到茶末与水相溶后，再倒满开水。待到水汽渐开，泡沫浮于茶面，茶味就完全散发出来了。古时用茶团、茶饼，碾成碎末后，味道才易散发出来，而叶茶冲泡太急不易出味，过熟则会导致茶味浑浊，叶片沉积。"

陆羽说："凡饮茶，大家都会准备茶碗，以使冲泡出来的茶水饽沫均匀。饽沫就是茶汤的泡沫。薄的称'沫'，厚的称'饽'，细轻的称'华'。"

晋人杜毓在《荈赋》中说："只有当茶汤刚刚煮成时，薄的泡沫会沉下去，细轻的泡沫会浮上来，明亮像积雪，光彩如春花。"（比喻茶的华美。）

陶穀说："水，是决定茶之命运的关键。因此，茶汤最重要。"

先放茶叶后冲开水，称为下投；先冲半壶开水再投放茶叶，然后注满开水，称为中投；先注满开水后投放茶叶，称为上投。这三种方法要依季节的不同有所变化，夏季适宜上投，冬季适宜下投，春秋两季则适宜中投。

把水煮上后，要先清洗一下茶具，茶具一定要干净。等待水将要沸腾时，先向壶里注入少许热水摇荡几下，将壶温热一下。壶盖可以放在瓯内，或仰放在桌案上。如果直接向下扣着放置在桌案上，恐怕会侵染了油漆的气味和食物的味道，会败坏茶味。

投茶时要用硬背纸作成一个半竹样的器具取茶，先将取茶器握在手中，根据水的多寡斟酌要放茶的多少。等到把水倒入壶中，还未满时投茶，然后盖上壶盖。过了大概呼吸一次的时间，倒满一瓯茶汤，再将茶汤重新倒进壶里，以动荡壶中茶的香气。再等呼吸一次的时间，就可以倒出来饮用了。

一壶茶水，只可以沏茶两巡。初巡，茶色较嫩，韵味十足；再巡，茶的味道甘洌醇厚；到了三巡的时候，茶的味道就发挥殆尽了。杭州的许次纾常与冯开之戏谈品鉴这三巡茶，把第一巡茶比喻为亭亭玉立的十三四岁少女，把第二巡茶比喻为十六岁的花季少女，第三巡茶过后，就好比儿女成行的妇人。冯开之听后很是赞同。

凡是饮茶，茶壶要小。壶小可以使茶过两巡便结束，宁可使剩余的芬芳仍然留在茶叶中，也不愿将茶味发挥殆尽。剩余的茶叶渣滓可以倒入碗内，以作他用。

苏廙的《十六汤品》，就煎水的过与不及而言，分了三种情况；就注水的缓慢与急迫而言，分了三种情况；就使用的茶具而言，分了五种情况；就煎水所用柴火而言，又分了五种情况。

苏廙《十六汤品》

第一，得一汤。茶汤煮好，还能保持燃烧的火气，又褪尽水最初的生冷，这时的茶汤，就像粮斗中的米、秤盘上的鱼，已经达到了预期目标。如此茶水，既火候适中，又内外平和适中。老子有言：天得"一"为清空，地得"一"而安宁。要是茶也能煮到人、火、水三脉合一的境界，那就可以称得上建立功勋的极品茶汤了。

第二，婴汤。柴火刚刚烧起，锅里的水才热，就匆忙舀起倒入杯中，这就像逼迫婴儿去做成年人的事情一样，是一件难事！

第三，百寿汤。水过十沸就像人过百岁一样，或因聊天耽搁了时间，或因处理事情没有及时把水倒出，这时的茶汤已经失去了本性。试问，白发苍苍的老人还可以手执弓箭，用力射中目标吗？还能雄赳赳地登台、气势昂扬地阔步迈向远方吗？

第四，中汤。我见过有人弹琴，若声与调不能搭配和谐，听起来必定不会美妙；也见过有人磨墨，若用力不均，挥洒在纸上的墨迹必然不会浓厚沉着。如果弹琴时音调高低混杂，琴声杂乱无章，就像死去一般；如果研磨时用力缓急不一，墨迹就会显现死僵之气；如果往杯中注水时断断续续，缓急交错，那茶味必然衰竭败坏。因此要想让茶汤保留茶的本味，提壶倒水时的臂力是关键。

第五，断脉汤。注少量汤入盏，将茶末调匀成膏状，至于茶膏调得怎么样就要看造化了。如果往茶杯中注汤时，手打颤，臂下垂，唯恐水倒多了淹没茶末；如果茶瓶之嘴不能收放自如地注汤，倒水时断时续，出汤不通畅，那么茶末就会调不均匀，茶的精粹发挥不出来。就好像人的百脉，如果气血供应断断续续，想要长寿怎么可能呢？这种弊端应当想方设法避免。

第六，大壮汤。就像让大力士去捏绣花针，让农夫去握细笔杆一样，失败的关键在于过于毛糙，不够精细。且说一个茶瓯里面放的茶叶，最多不过两钱，如果茶杯大小合适，所注热水不过杯盏的六分高低。万一注水太快而使水量过深，哪里还有茶呀！

第七，富贵汤。用金银作煮茶的器具，只有富贵人家才有。所以建立茶汤功业名垂史册的事情，贫贱人家是做不到的。煮茶的器具不能舍弃金银的材质，就像制琴不能舍弃桐木，制墨不能舍弃牛皮胶一样。

第八，秀碧汤。石，凝结天地灵秀之气而生，有自然赋予的独特资质，即使把它雕琢成茶器，其灵秀之气仍在。用石制器皿煮茶，还不曾有味道不好的。

第九，压一汤。金银虽好，但过于昂贵；铜铁便宜，但品质低贱。因此在金银与铜铁之间，用瓷、瓦制成的茶器就值得选用了。尤其对那些清高脱俗的逸士雅人来说，用瓷瓶烹煮的茶汤更与其品性相宜。这样说来，这瓷瓶岂不是茶瓶中可以压倒一切的茶器吗？

第十，缠口汤。猥琐庸俗的人哪里有时间用心挑选烹煮茶汤的器皿呢？对他们而言，那些只是用来煮熟茶水的东西罢了。如此胡乱泡的茶，味道必定腥苦滞涩。饮过之后，很长时间都会感觉口中污秽之气缠绕，难以去除。

第十一，减价汤。用没有上釉的瓦瓶烧出的水会有一股地气，即使用皇室御用的好茶，也煮不出好茶汤来。就像那句谚语所说："煮茶用没有上釉的瓦瓶，就像骑着跛足的马登高一样。"希望喜好饮茶的人记住这点。

第十二，法律汤。只要是木头都可以用来煮水，不是只有烧好的木炭可以。而用来泡茶的汤水非用木炭来煮不可，茶艺方面的行家也讲究方法和规律。水要不断加，柴要足够干，不能一直冒烟气。如果违反了方法和规律，煮的茶汤就会不如人意，也就泡不出什么好茶了。

第十三，一面汤。不管是用质轻而松的木柴，还是用烧剩下的木体已尽，性轻浮的虚炭，火苗都轻浮无力，烧出的茶汤就总会感觉太嫩，力道不够。如果用刚刚烧好的木炭就不会这样，木炭是煮茶汤的绝好搭档。

第十四，宵人汤。茶叶本是天地之间有灵气的草，一沾恶气就会被败坏。如果用动物粪便做柴火，尽管火烧得很旺，但因其内在恶性无法去除，煮出的茶汤也必然香殒气损。

第十五，贼汤。把小竹子和树枝放在外面，借助风力吹干和太阳晒干，用来放在鼎、瓶下面做柴火最好不过了。然而因为小竹子和树枝过小过细，本性虚薄，火力不适中，反而成为伤害、毁坏茶味的东西。

　　第十六，魔汤。调茶关键在于水的好坏，而茶汤最忌讳烟气。如果点燃一枝柴火，室内浓烟弥漫，又哪里还有茶汤？如果用这样煮出的热水泡茶，又哪里还有茶呀？因此称为魔汤。

茶具

商象

古代的石鼎，用来煎茶。

鸣泉

煮茶的平底浅锅。

苦节君

用湘竹做的风炉，用来放平底浅锅煎茶。

乌府

竹篮，用来盛煎茶用的炭。

降红

铜火箸（煎茶时用来簇火），不用铁链连在一起。

团风

湘竹做的风扇，用来使火燃烧更旺。

水曹

磁矼、瓦缶，用来贮存烧鼎煮茶时使用的泉水。

云屯

屠隆在《考槃馀事》中注释说：云屯即泉缶。可能就
是指水曹。

分盈

勺子，用来测量取水多少。

苏轼有诗说："大瓢贮月归春瓮，小杓分江入夜瓶。"委婉道出了烹茶的妙趣所在。

漉尘

茶洗，用来洗茶。

屠隆的《茶笺》中提到："烹茶，首先要用热水洗茶叶，去除茶叶上的尘垢和冷气，这样茶的味道才会更加鲜美。"

注春

瓷瓦壶，用来倒茶。

啜香

瓷杯，用以啜饮品茶。

受污

擦东西的拭抹布，用来清洁杯子。擦拭要用细麻布，其他的都不干净，不适合使用。

归洁

用竹子做的炊帚，用来洗涤茶壶。

◆　　　**纳敬**

　　　用湘竹做的茶托，用来放茶盏。

　　　撩云

◆　　　用竹子做的茶匙，在饮用养生保健类的果料茶时用来
撩取果物。

又录《茶经》四事

具列

或作成床形，或作成架形，用木材或竹子制成，都是用来收放和陈列各种茶具的器物。

湘筥焙

焙茶用的箱子。上面用盖子盖上，以聚积火气；中间有隔层，以增加存放茶叶的容量；焙茶时，炭火在湘筥焙底下，距离茶有一尺左右，用来保养好茶的色、香、味。

豹革囊

用豹子皮做风囊，可以作为鼓风的器具。煮茶品饮，可以荡涤心中艰涩不通的思虑，从而产生飘然清风的愉悦。人们常常引申此义，称茶为水豹囊。

茶瓢

黄庭坚说："选择茶瓢与选择筇竹的方法相同，不要过肥而要偏瘦，而且一定是要饱经风霜的。"

陆羽在《茶经·四之器》之外，还创制了一套茶具，包括二十四件，以古代官爵名称命名，如韦鸿胪、水待制、漆雕秘阁之类。

陆羽的二十四件茶具用都统笼存放，远近倾慕，喜好饮茶的人家也都藏有一副。

高濂在《遵生八笺·饮馔服食笺》中罗列了十六件茶具、七件总贮茶器。

屠隆在《茶笺》中记载二十七种茶具，取名与前人类似，差别不大。

茶事

　　屠隆（实是陆树声）在归隐期间，在啸轩矮墙的西面设了一个小茶寮，里面设置了茶灶，取水的瓢、存水的罂、洗濯茶具的工具和煮茶器皿等一系列用具，应有尽有。挑选一个稍通茶事的人来管理它，另一人帮忙烧火汲水。宾客到来的时候，就会看到煮水泡茶时产生的烟从竹林外隐隐升起。如果有出家人来拜访，我们就一起相对盘腿而坐，饮茶，清谈高论，不说世俗中的话。终南山僧人明亮，近日从天池赶来，赠我天池苦茶，仔细传授我烹茶泡茶的方法。我曾经跟随一名阳羡籍的读书人学过这种煮茶方法，大体上都是先调火候，其次调汤候，观察所谓的蟹眼泡、鱼目泡，根据沸沫浮沉来检验茶的生熟，方法是一样的。而僧人明亮，他所烹煮泡出的茶味道更加清绝，汤色鲜亮不黑，这正是烹茶技艺达到了心无杂念的精绝境界。关键之处是，茶禅一味的个中禅趣非方外之人是不会轻易领略到的。我当时正远离世俗，向来有出家隐居的意愿，怎知不是因此而领悟了赵州的禅茶呢？

　　一间斗大的茶室位于侧室一角，紧挨书斋，里面的设置包括一个茶灶，六个茶盏，两个茶注，剩余一个用来倒煮开的热水，茶臼一个，拂刷、净布各一个，一个炭箱，一把火钳、一双火箸、一把火扇、一个火斗、一个茶盘、两个茶托。应当教导奴仆专事烹茶，用来供应白日清谈、寒夜独坐所需的茶水。

煮汤最忌被木柴燃烧产生的烟气熏染。《清异录》（实为苏廙《十六汤品》）中提到："第十五汤品是贼汤，第十六汤品是魔汤。"

《茶经》中说："煮茶用炭火为宜，其次是木质坚硬的柴木。木炭如果是燃烧过、沾染了油腻腥膻气味的，以及含有油脂的木柴、腐朽废弃的木器，皆不可用。"

李南金所说的"活火"，就是指燃有火焰的炭木。

只要是木头都可以用来煮水，不是只有烧好的木炭。煮茶关键在于水的好坏，而茶汤最畏惧烟气，因此非炭不可。如果点燃一枝柴火，室内浓烟弥漫，泡出来实为魔汤。或质轻而松的木柴，或烧剩的微弱炭火，或风干的竹条树枝，用来放在鼎、瓶下面烧水最好不过了，然而这些柴火本性虚薄，火力不适中，并不适合煮茶汤。（以上四则是关于选择柴薪的内容，都是苏廙《十六汤品》中提到的。这里又挑选煮茶时易犯的几个错误直言论说。）

　　煮茶汤用金银器皿最好，因此，在茶业上立下功勋，贫贱人家是做不到的，而瓷石器皿尚有可取之处。瓷瓶不会侵夺茶原本的味道，和清高脱俗的逸士雅人的品质尤其相宜。石乃凝结天地灵气而成，有着独特的天然资质，即使将其雕琢成器皿，石的灵气还在，用石制器皿煮茶汤，还没有味道不好的。然而，这些切勿对只知道炫耀珍宝奇物的人言说。铜铁铅锡材质的器皿煮出的茶汤有一股腥气，且味道苦涩。用未上釉的陶瓶烧出的水会有一股土气，用来煮水，饮过很久之后，还会觉得口中有一股污秽之气，难以去除。

　　茶瓶、茶盏、茶匙等茶具一旦出现铁锈，就会损坏茶的色香味，所以必须预先清洗洁净才好。

　　银瓢只适合在富丽华美的楼阁中使用，如果是在山间的书斋茅舍，使用锡瓢、磁瓢俱无损于茶味。

　　茶壶，古人喜用金银材质，认为金能涵养水。然而金银壶因极其珍贵，不可多得，过去赵良璧比照黄元吉所造的壶，样式素雅，敲击会发出铿锵有力的声音。又如龚春、时大彬制的壶，黄金材质，坚固异常，色泽光亮如玉，价值高达二三万钱，都十分难得。到了现在，徐友泉、陈用卿、惠孟臣等各位名匠，他们的作品非常受同时代人的珍视，都用粗砂仔细制作，制出的壶没有一点土气，即便随手捏造制作的，也十分精致。至于归复初制作的茶壶，人人皆以此为珍贵之物，但是把它放置在书桌案头，由于其形状怪异，充满恶浊气息，是不能使用的。（以上这些都是涤器。）

　　大凡点茶，首先要将茶盏烘烤温热，这样才会使茶面汤花凝聚，如果茶盏冷的话，茶的颜色就不能散发出来。

　　茶盏以雪白色为上品。

　　茶叶有其天然的香气、极佳的口感、纯正的颜色。在烹点的时候，不要和珍果香草掺杂在一起。能够侵夺茶香的，有松子、柑橙、茉莉花、蔷薇花、木樨花之类。能够侵夺茶味的，有荔枝、桂圆、牛乳之类。能够侵夺茶色的，有柿饼、胶枣、杨梅之类。如果想要和果品一起喝，那么适宜用核桃、榛子、瓜仁、杏仁、橄榄仁、鸡头米（芡实）、银杏、栗子之类。然而品饮好茶，去掉果品才能感觉茶味清绝，如果夹杂着果品，那么就无法分辨茶味、果味了。（以上是讲如何选择果品。）

茶之隽赏

茶的妙处有三个：一是色，二是香，三是味。

茶叶以青翠色胜出，茶盏以蓝色和白色为佳。

蔡襄说："善于鉴别茶的人，就好像相面先生观察人的气色一样，能够通过表面隐隐约约透视到茶饼的内部，以质地新鲜、纹理润泽的为上品。"

茶内外一致的香，叫纯香；农历谷雨前采摘的茶，神韵俱备，其茶香叫真香；炒制时火候均匀合适的茶，散发的香气，叫兰香。

蔡襄说："茶叶有其天然的香气，而贡茶往往混有少量的龙脑，想以此增加茶的香气。建安民间斗茶品茗，都不添加香料，唯恐侵夺了茶叶的天然香气。如果在烹煮冲泡之际，又掺杂进去一些珍贵的果品、香草，其侵夺茶叶天然香气的状况会更加严重，这个做法是不合适的。"

茶的味道以甘甜滋润为上，苦涩为下。

蔡襄说："茶的味道讲究甘甜润滑，只有建安北苑、凤凰山一带的茶焙所制贡茶味道极佳。隔溪诸山所产茶叶，虽及时采摘、精心制作，但其色泽浑浊、味道厚重，比不上北苑凤凰山一带的茶。还需注意的是，如果泉水不够甘甜，也会损害茶的味道，前人之所以讨论水的品级，就是因为这个缘故。"

《茶录》（实为明代陈继儒的《岩栖幽事》）中说："品茶，一个人能够品出其中的神韵，两个人能够品出其中的趣味，三个人能够品出其中的味道，如果七八个人在一起饮茶，那就是施舍茶水了。"

饮茶最适合德行高、修养好的人。煮茶时辅以白石、清泉，烹煮得法，不会时断时续，能做到对茶熟悉并深入体味，最终心醉神迷，觉得茶足以与醍醐、甘露相抗衡，如此才是真正懂得欣赏鉴别茶的人。茶煮得好，倘若共饮之人不对，无异于用甘泉来灌溉杂草，没有什么罪过比这更大的了。如果有人值得用好茶招待，却不懂茶趣，将杯中的佳茗一饮而尽，根本来不及辨别鉴赏茶味，世间再没有比这更俗气的了。

司马光说："茶要白，墨要黑。茶要重，墨要轻。茶要新，墨要陈。茶与墨二者的特性正好相反。"苏轼回答说："上等的茶和墨都很香，这是品德相同。茶饼和墨锭都很坚硬，这是操守相同。就好像贤人君子一般，黑白美丑各不相同，但是他们的德行操守都是一样的。"

建安人称斗茶为"茗战"，倒入茶杯如果汤花与茶盏相接处没有出现水痕，那就是最好的点茶手法。

许云邨说："收集雪水煮茶，调整琴弦弹曲，这才是寒夜书斋清雅的兴致所在呀！"

茶之辨论

唐庚在《茶说》中说："茶叶无论是团茶还是銙茶，关键是以新为贵。欧阳修曾获得御赐的小龙团茶，经过了仁宗、英宗和神宗三朝，赏赐的茶还放在那里，这哪里还是茶呀？"

沈括，字存中，《梦溪笔谈》中说："芽茶，古人称之为雀舌、麦颗，是形容芽茶极其鲜嫩。如今茶之上品，品质本来就很好，加上种植的土地又很肥沃，所以新芽一发出来，便会长达寸余，细长如针。至于像雀舌、麦颗那样的芽茶，只不过是最下等的品质罢了。之所以有前面的说法，那是因为北方人不了解情况，错误地加以品评。我隐居山中的时候写有《茶论》，并作绝句一首：'谁把嫩香名雀舌，定来北客未曾尝。不知灵草天然异，一夜风吹一寸长。'"

《潜确类书》中说："茶的形状千姿百态，粗略地说，有的像（唐代）边疆少数民族的靴子，皮革皱缩；有的像犎牛的胸部，有起伏的褶痕；有的像浮云出山，卷曲多变；有的像轻风拂水，激起摇曳的涟漪。这些都是精美上等的茶叶。但有的茶叶老得像竹笋壳，枝梗坚硬，很难蒸捣，所以制成的茶饼形状像箩筛一样坑坑洼洼；有的茶叶像经过霜打的荷叶，茎叶凋败，已经变形，所以制成的茶品相枯槁。这些都是粗老劣质茶。从类似胡靴的皱缩状到类似霜荷的萎败状，茶叶一共分了八等。"（"有如陶家之子"和"又如新治地者"两则删除。）

　　因表面光滑、黑亮平整就判定是上等好茶，这是下等的鉴别方法。若认为那些外形皱黄、凹凸不平的茶饼才是品质优良的茶，这是次等的鉴别方法。如果既能言明茶的优点，又能说出茶的不足之处，这才称得上是最好的鉴别方法。压出茶汁的茶饼，表面光润，而含有膏汁的茶饼，表面皱缩；隔夜制的茶，颜色发黑，而当天制成的茶，颜色发黄；茶饼蒸的时候压得紧实的就平整，压得不紧的就凹凸不平。关于这一点，茶和其他的草木叶的植物都是一致的。茶叶品质好坏的鉴别，存有口诀。

　　唐朝人认为对花饮茶是煞风景之事。所以王安石《寄茶与平甫》诗中写道："金谷看花莫漫煎。"他认为对花饮茶时注意力集中在赏花，而不在品茶。我认为在金谷园之类的名园对花饮茶，的确是不适宜的。但如果是手把一瓯佳茗，面对山花品饮，与风景更加相宜，那就是助兴了。

试茶、辨茶的时候，必须明白茶的不足之处在哪里。

茶有九难，一是制造，二是识别，三是器具，四是用火，五是择水，六是炙烤，七是研末，八是烹煮，九是品饮。阴天采摘，夜间烘焙，是制作不当；口嚼辨味，鼻闻辨香，是鉴别不当；用沾染了腥膻气的鼎和茶盅，是器具不当；用有油烟的柴火和烤过肉的柴炭，是燃料不当；用流动很急或停滞不流的水，是用水不当；茶饼烤制得外熟内生，是炙烤不当；把茶叶研磨成太细的青白色粉末，是研磨不当；操作不熟练或搅动太急，是烹煮不当；夏天才喝，而冬天不喝，是饮用不当。

茶之高致

唐代卢仝的《七碗歌》中说："柴门反关无俗客，纱帽笼头自煎吃。"

司马光和范镇一起攀登高峰，从辗辕山至龙门，渡过伊水，坐在香山的石头上歇息，来到八节滩前，心中不觉诗情满满，便各自携茶登山游览。

杨长孺辞官还乡，到他八十岁的时候，曾三异也年岁更高，曾携茶来看杨长孺。他作诗说："知道华山方睡觉，打门聊伴茗奴来。"杨长孺和诗道："锦心绣口垂金薤，月露天浆贮玉杯。"（月露天浆，喻指茶的精良美好。）

古人有清高雅致，每每携茶访友，就如赵师秀诗中所说："一瓶茶外无祗待，同上西楼看晚山。"

五代时的和凝在朝期间，率领同僚依照次序一天接一天品茶饮茶，茶味不好的要受罚，当时号称"汤社"。

钱起，字仲文，和赵莒一起举办茶宴，又曾经拜访长孙宅，和朗上人一起举办茶会。

杭州歌妓周韶喜欢收藏珍奇佳茗，曾与蔡襄斗茶，对茶的风味进行分级品评，蔡襄自愧不如。

陆龟蒙，字鲁望，嗜好饮茶，曾在顾渚山下开辟茶园，每年把茶园租给雇农，收取饼茶作为地租，自己评判饼茶的品第高下。

唐肃宗赏赐给张志和奴、婢各一人，张志和让他们结为夫妇，取名渔童、樵青。渔童负责钓鱼，在芦荡中撑船。樵青负责打柴种花，在竹林中煎茶。

北宋梅圣俞，名尧臣。他在《在楚斫茶磨题诗》中写道："吐雪夸新茗，堆云忆旧溪。北归惟此急，药臼不须赍。"真可谓是极其嗜好饮茶呀！（梅尧臣所作茶诗很多，《沙门颖公遗碧霄峰茗》中有对茶的吟咏。）

翰林学士陶穀，得到了太尉党进家的使女，取来雪水煮茶时，对使女说："党家应当不了解这种雅事吧？"使女回答说："党太尉是个粗人，只知道在销金帐中饮羊羔儿酒罢了。"

《嘉兴南湖志》记载，苏轼曾与文长老三过南湖，汲水煮茶，后人于是在此建煮茶亭，以便标记胜迹。

陆贽，字敬舆，寿州刺史张镒赠送他百万钱，茶叶一串。陆贽只接受了一串茶叶，说道："怎敢不接受您的惠赐呢？"

仙人石室，高三十余丈，室外藤蔓交织，登山的人要攀着这些藤蔓才能进入，所入处即泐溪福地。那里还有陆羽的题名。（仙人石室位于广东韶州府乐昌县。）

在饶州府余干县冠山，陆羽曾凿石做成茶灶，取来越溪水在此煮茶。迄今为止，冠山那里还有"陆羽灶"。

怀庆府济源县内有卢仝别墅，里面有一间烹茶馆。

僧人文莹在房屋前面种了几棵竹子，养了一只鹤。每到月白风清的夜晚，就倚着竹竿调教白鹤，烹煮茶水，独自吟咏。

冯梦祯精通茶趣，喜欢亲自做备料、煮洗之类的琐事。有客见此轻笑，吴从先玩笑解释说："煮茶这事就像美人，又像古代的法帖、名画一样，设想一下怎么可以经俗人之手代劳呢？"

元代画家倪瓒，向来嗜好饮茶，在惠山中，用核桃、松子仁与面粉、糖霜调和成石头状的小块，放到茶中，拿出来给客人品饮，命名为"清泉白石茶"。

赵行恕，宋代宗室后裔。曾仰慕倪瓒的清高雅致，前来拜访。两人坐定以后，童子供茶。赵行恕连饮数口，神色如常，倪瓒心有郁闷，说道："我因你是王孙子弟，才拿出好茶款待，不想你居然全然不懂茶的风味，真是一个俗人啊。"

高濂说："西湖的泉水，以虎跑泉为佳。两山之茶，以龙井为胜。在谷雨前采茶烘焙，取虎跑泉的泉水烹煮，饮之，香清味洌，沁人心脾，勾起人无尽的诗思。我每年春天在山中高卧，沉醉于品尝新茶，可达一月之久。"

李约，唐代司徒、汧国公李勉的儿子。雅好深奥微妙的义理，超逸脱俗，冲和高远，又酷爱山林。他在湖州曾得到一片古铁，敲击后发出清脆悠扬的声音。他又养了一只猿，名叫"山公"，经常让它陪在身旁。有时趁着月色好，李约游江、登金山，敲击古铁，弹拨琴弦，猿必长啸和鸣，李约便通宵饮茶，不候宾客。

茶癖

琅琊人王肃喜爱喝茶，每次可以饮一斗，人称"漏卮"。

当时的给事中刘缟仰慕王肃的风雅，专门学习饮茶。彭城王元勰对刘缟说："先生不仰慕王侯贵族的珍馐美味，却喜欢家僮仆人的饮茶之事。"

《世说新语》中说："王濛嗜好饮茶，有宾客来就烹茶品饮。当时的士大夫们因此苦不堪言，每次将要迎候王濛时，必说'今日有水厄'。"

李约性嗜茶，来了客人，品茶不限杯数，随客意。有时终日点火煮茶、操持茶具，为客人斟茶，不知疲倦。

皮光业，字文通，嗜好饮茶。他的表兄弟邀请他品尝新产的柑橘，筵席十分丰盛，很多有身份地位的宾客都到了。他一到场，不顾酒杯，而急呼上茶，主人直接让人拿来了一个大茶杯。皮光业饮茶后题诗说："未见甘心氏，先迎苦口师。"众人都取笑说："饮茶固然清高，只是难解饥饿呀。"

唐宣宗大中年间，有一位高僧年纪高达一百三十岁。宣宗问他服什么药如此长寿，高僧回答说："我幼年贫贱，并不服药。生性喜欢喝茶，每到一地只求有茶饮用，日饮百碗也不厌烦。"于是宣宗赏赐他茶叶五十斤。

刚刚碾出的茶末色白，经常担心其变黑，墨则正好相反。然而磨过的墨隔了一个晚上颜色就会变暗，茶叶碾碎过了一天香气就会减弱，这方面它们却是极其相似的。茶以新为贵，墨以陈为佳，这方面它们又是相反的。茶要怡口，墨要悦目。蔡襄晚年老病，不能饮茶，就煮茶用来把玩。吕行甫爱好藏墨而不善书写，所以经常磨墨汁小饮一番。这些趣事都可以博来者一笑。

茶效

《茶经》上说："茶性凉至寒，最宜德行高、修养好的人饮用。如果有人感觉体热口渴、闷燥、头疼、眼睛干涩、四肢无力或者全身关节不舒展，略微喝上几口茶水，其效果可以和醍醐、甘露相媲美。"

《本草拾遗》上说："人饮用好茶，有助于解渴消食，祛除痰疾、提神醒脑、利于小便，明亮眼睛、助益思考。"

苏轼说："世人固然不能一日无茶，每次吃完饭，我都会用浓茶漱口，这样不仅去除口中油腻，且脾胃等内脏也得到了清洁。大凡肉菜有夹在牙齿之间的，经过茶水漱洗，就会完全消缩，在不觉间脱去，省去了剔牙的麻烦。而且牙齿本性适宜苦味，会因此变得越发坚硬密闭，各种牙虫病自然消除了。当然，漱口都是用品质中等的茶叶。"

唐代裴汶在《茶述》中说："茶的本性精良清澈，味道淡洁，作用在于消除烦恼，功能是达到中和。即使加入到上百种物品中也不会相混，且会超越各种饮品，独具风味。以古鼎盛水烹煮，以虎形茶具调和，人人品饮，永不会感到厌烦。经常饮茶就会身体安康，不饮则会身患疾病。那些灵芝、白术、黄精等中药，徒有上等药材的称号，可是发挥药效却要在数十年之后，而且有很多禁忌，不可与茶相比拟。有人说，饮茶过多会令人体质虚弱，易得风疾。我认为不是这样的。一样物品既然可以驱除体内邪气，就一定能够培补正气，提高抗病能力，哪里只会让人消除各种疾病而不能调和人的肌体、促进身体健康呢？"

李白诗写道："破睡见茶功。"

《鹤林玉露》中说："茶叶作为一种物产，可以涤去昏昧，消除积滞，对于专心学习、勤于政务是有帮助的。"

福建、广东地区以南的茶叶，在谷雨、清明时节采制，能够治疗痰疾、咳嗽，有益于治愈百病。

巴东有优质的香茗，开白花，像蔷薇一样，煎服后令人顿觉清醒，背诵东西不会忘记。

四川蒙山上种有清峰茶，最为难得。（在春分前后）多雇佣一些人力，待春雷响后，抓紧采摘，越多越好，三天后就要停止。如果能获取一两，用本地的泉水烹煮服用，就能祛除久治不愈的病痛；服食二两的话，就会感觉身体轻盈；服食三两的话，就可以感觉脱胎换骨了；服食四两，就可以成为住在人间的仙人了。

现在青州的蒙山茶，是山顶长的石苔，采摘后去除其内外皮膜，经过长时间辛苦的揉压制成。泡出的茶味极寒，但清痰功效第一，又和四川产的茶叶不是一个品种。

其他的茶叶，还有枳壳芽、枸杞芽、枇杷芽，皆有治风疾、清喉痰之效。

凡是饮茶，少量饮用可以提神、助思考，喝多了则会招致疾病。

《大唐新语》记载："唐代右补阙綦毋炅曾说道，饮茶可以消除人体内的积滞和疲劳，让人一天都感觉很舒服；但饮茶会萎靡元气，耗费精神，对终身的危害是很大的。当获益的时候就归功于茶，留下祸患时却不说是因为茶，这难道不是因为福近容易知晓而祸远难以预见吗？"

后序

　　有史书记载说，茶最适合德行高、修养好的人饮用，不是说德行高、修养好的人才开始饮茶，只不过德行高和修养好的人对茶事会有不同的体会、领悟，所寄寓的兴致不同罢了。先父年过四十后就无意于仕途了，到了八九十岁的年纪，每日手持书卷，遍览各家书籍史记。累了就熟睡一觉，醒来便唤童子，找来苦节君滤水，看着他煮水、候汤、点茶。品饮两三瓯，待神清气爽之时接着读书，每天像这样进行两遍。先父曾说："别人一天还没有过完，我已经感觉过了两天了。"偶尔效仿白香山社聚会行事，先父必携茶具前往，各位老友谈笑风生，他则左手持书册，右手拿素色瓷杯，躺在一边的卧榻上听他们讨论。他曾说："读书、酣睡、饮茶，这是我的三个嗜好。"贮藏的水放了满满一屋子，如果客人中有熟知茶味的人，甚至不惜亲自煎茶，茶烟从竹外隐隐升起，张口即吟诵诗句"纱帽笼头自煎吃"。他编的这部《茶史》，也只是说了茶事的大概。山水草木，依时节变化，其褒贬也因此有所不同。如果有些内容是人的眼睛、耳朵发现不了的，那么我宁可缺漏也不将心存怀疑的内容写进来，这是《茶史》这本书书名的由来。

唉，天下的灵木瑞草、名泉大川，幸而被那些好学而又喜好古代文化的人所赏识；而那些不幸被埋没、没有流传下来的又哪能说得完呢！我忙于世务，不禁忧从中来，每每像先父一样饮一杯茶，就神清气爽、心境平淡，好似月圆之夜坐在松竹林中，感受清风拂过，亦可见先父所说的茶具备的消烦解忧、涵养性情之效了。

我手抄《廿一史略》《古今要言笺释》《华严经》《金刚经》，每种篇幅约有一尺多长，《茶史》只不过是其中一种。读先父的书，先辈存迹俱在，不胜唏嘘，以致不能读完全篇。偶尔取出一些断简残纸，也是有关世情风俗、安身立命的言论，又因此知道先辈的学问是如此的严谨认真。同年陆君咸一，每每往来与我讨论茶事，遂宁夫子（李仙根）也随即补充了一些见闻材料，因此先将此书定稿，其他书稿依次刊刻印行，这样或许可以让读者从中了解先父的为人。子刘谦吉记。

茶史

原文

雅趣小书

陆求可①序

予尝从事茗政品题，有各著述家。其著为《茶经》，言茶之原、之法、之具，始唯吾家鸿渐。鸿渐之前，未有闻也。至于今，人人能知《茶经》，能言茶之原、之法、之具矣。考诸传纪，鸿渐之生固奇。问诸水滨，既不可得，乃自得之于筮②，称竟陵子，又号桑苎翁。

尝行旷野，诵诗击木，徘徊不得意，则恸哭而返。繇今思之，岂徒听松风，候蟹眼③，捧定州花瓷以终老者？夫固有宇宙莫容、流俗难伍之意，摅泄④无从，姑借是以消磨垒块。迨夫冥然⑤会心，

------【注释】------

① 陆求可：字咸一，号密庵，清代文人。

② 筮：古代用蓍草占卦。

③ 听松风，候蟹眼：古人用来形容煮茶时水的状态。松风，喻指水沸腾时发出的声音。蟹眼，喻指水沸腾时水面浮现的气泡。

④ 摅泄：发泄、表达。摅，发表或表示出来。

⑤ 冥然：玄默貌。

发为著述，又能穷其旨趣，撷其芳香，是以后之人争传之为《茶经》。然则今之人，有所述作，岂皆有所不得志于时而为是寄托哉？茶之为饮，最宜精行修德之人，白石清泉，神融心醉，有深味而奇赏焉。

　　前辈刘介祉先生，少壮砥行[6]，晚多著述，一经传世。长君六皆[7]，早翱翔于天禄石渠[8]间，家庭颐养，其潇洒出尘之致，不必规模[9]鸿渐，而往往发鸿渐之所未有。嗜茶之暇，因《茶经》而广之为《茶史》。世尝言古今人不相及，若先生者岂多让耶？有鸿渐之为人，而《茶经》传；有介祉先生

【注释】

[6] 砥行：砥砺品行，修养德行。

[7] 长君六皆：长君，古人以年长者为君。六皆，刘源长之子刘谦吉的字。刘谦吉，字讱庵，一字六皆，号雪作老人。

[8] 天禄石渠：天禄、石渠，皆阁名，为西汉皇家藏书、校书之所。

[9] 规模：模仿，取法。

之为人，而《茶史》著，鸿渐与先生其先后同符也。披其卷，谬加⑩订次，辄两腋风生⑪，使予复见鸿渐之流风。因长君六皆刻其集，俾⑫予分为之序，而先生有功性命之书，不止此也。六皆著言满天下，人士之被其容，论者如祥麟威凤⑬，其有得于家学之传，匪朝伊夕也夫。

　　时康熙乙卯夏月，年家⑭姻晚生⑮陆求可咸一父顿首拜撰。

------------------------------【注释】------------------------------

⑩ 谬加：妄加，错误地施加。此处用作谦词。

⑪ 两腋风生：本意指茶叶甘美醇香，饮后两腋如有清风吹拂，清爽畅快。后形容饮了好茶后，人有轻逸欲飞之感。

⑫ 俾：使。

⑬ 祥麟威凤：指麒麟和凤凰，古代传说是吉祥的禽兽，只有在太平盛世才能见到。后比喻非常难得的人才。

⑭ 年家：科举时代同年登科者之间的互称。

⑮ 姻晚生：姻亲晚辈。

茶之原始

茶者，南方之嘉木也。一尺、二尺乃至数十尺。其巴山峡川，有两人合抱者，伐而掇①之。其树如瓜芦，叶如栀子，花如白蔷薇，实如栟榈②，蒂如丁香，根如胡桃。（瓜芦木出广州，似茶，味苦涩。栟榈，蒲葵之属，其子似茶。胡桃与茶，根皆下孕③，兆④至瓦砾，苗木上抽。）

茶之名，一曰茶，二曰槚，三曰蔎，四曰茗，五曰荈。（蔎音设。《楚辞》："怀椒聊之蔎蔎。"，荈音舛。）

周公《尔雅》："槚，苦茶。"

【注释】

① 掇：摘取，拾取。

② 栟榈（bīnglú）：即棕榈。

③ 下孕：植物根系向下生长，在地下滋养发育。

④ 兆：本义指龟裂，古人占卜时甲骨被烧出现裂痕。这里指植物生长时根系撑裂土地。

茶，初采为茶，老为茗，再老为荈。

今呼早采者为茶，晚采者为茗，蜀人名之"苦茶"。

《本草·菜部》："一名茶[5]，一名选，一名游[6]。"

茶字，或从草，或从木，或草木并。从草作茶，从木作搽，草木并作荼，出《尔雅》。槚亦从木。

茶，上者生烂石，中者生砾壤，下者生黄土。

艺[7]茶欲茂，三岁可采。野者上，园者次。阳崖阴林，紫者上，绿者次；笋者上，牙者次[8]；叶卷者上，叶舒者次。阴山坡谷，不堪采掇矣。

《茶经》云："《神农食经》：'茶茗久服，有力悦志。'"

【注释】

⑤《本草·菜部》：指唐《新修本草·菜部》。此处疑为误引、漏引。唐《新修本草·菜部》："一名茶草，一名选，一名游冬。"

⑥ 游：下脱一"冬"字。游冬，一种苦菜，可入药。因其生于秋末，经冬春长成而得名。

⑦ 艺：种植。

⑧ 笋者上，牙者次：笋者，指茶的嫩芽，肥硕如笋，成茶品质好。牙者，指短促瘦小的茶芽，成茶品质低。

晏婴⑨相齐时，食脱粟之饭，炙三弋、五卵，茗菜而已⑩。

华陀，字元化。《食论》⑪云："苦茶久食，益意思。"

又云："茶之为饮，发乎神农氏，闻于鲁周公。齐有晏婴，汉有扬雄、司马相如，吴有韦曜⑫，晋

【注释】

⑨ 晏婴：字仲，谥平，又称晏子。春秋时期重要的政治家、思想家、外交家。

⑩ 《晏子春秋》载："炙三弋、五卵，苔菜耳矣。"本文疑误引为"茗菜"。弋，指禽鸟。三、五为虚数词。

⑪ 《食论》：传说为华佗所著，原书已佚。

⑫ 韦曜：本名韦昭，晋代避司马昭讳改，字弘嗣。三国时吴人，官至中书仆射、侍中。

有刘琨、张载、远祖纳、谢安、左思之徒[13]，皆饮焉。"
（据《茶经》，则是神农有茶矣，茶其药品乎？）

茶之名，始见于王褒《僮约》[14]，盛著于陆羽《茶经》。

茶，古不闻。晋、宋以降，吴人采叶煮之，谓
之"茗茶粥"。

隋文帝微时，梦神人易其脑骨，自尔脑痛。后
遇一僧云："山中有茗草，煮而饮之，当愈。"服
之有效，由是人竞采掇。进士权纾文为之《赞》，

【注释】

[13] 晋有刘琨、张载、远祖纳、谢安、左思之徒：刘琨，字越石，晋将
领、诗人。张载，字孟阳，西晋文学家。远祖纳，即陆纳，字祖言，晋
代将领，陆羽尊为远祖。谢安，字安石，号东山，东晋政治家、军事
家。左思，字太冲，西晋文学家。

[14] 王褒《僮约》：王褒，西汉著名辞赋家，著《僮约》，记奴婢契约。

其略云："穷《春秋》，演《河图》，不如载茗一车。"
（据此，则是晋唐时始有茶也。）

宋裴汶《茶述》[15]云："茶起于东晋，盛于本朝。"

宋开宝间，始命造龙团[16]，以别庶品。厥后，丁
晋公（谓）[17]漕闽，乃载之《茶录》[18]。蔡忠惠（襄）[19]
又造小龙团[20]以进。

大小龙凤茶，始于丁谓，而成于蔡襄。

龙凤团，贡自北苑[21]，始于丁晋公，成于蔡君

【注释】

[15] 宋裴汶《茶述》："宋"字应为"唐"之误。裴汶，唐代人，著《茶述》，已佚。

[16] 龙团：北宋的一种小茶饼，茶饼上印有龙、凤花纹。印盘龙者称"龙团"，印凤者称"凤团"，专供宫廷饮用。

[17] 丁晋公：即丁谓，字谓之，又字公言，曾封晋国公，故称丁晋公。

[18] 《茶录》：指《北苑茶录》，北宋丁谓著。

[19] 蔡忠惠：即蔡襄，字君谟。北宋著名茶学家、书法家、政治家，著有《茶录》一书。

[20] 小龙团：又名龙凤茶，岁贡皇帝饮用。

[21] 北苑：盛产茶叶的地方，宋朝时专产贡茶，位于今福建省。

谟。虽曰官焙[22]、私焙，然皆蒸揉印造，其去雀舌、旗枪[23]必远。

宋人造茶有二，一曰片，一曰散。片则蒸造成片者，散则既蒸而研合诸香以为饼，所谓大小龙团也。君谟作此，而欧公[24]为之叹。

茶之品，莫重于龙凤团。凡二十余饼重一觔[25]，直金二两。然金可有，而茶不可得。每南郊致斋，中书、枢密院各赐一饼，四人分之。宫人缕金其上，其贵重如此。

杜诗说："茶莫贵于龙凤团。"[26]以茶为圆饼，上印龙凤文，供御者以金妆龙凤。

———————————【注释】———————————

[22] 官焙：又称贡焙，官府设置采制茶叶的场所。与"私焙"相对。

[23] 雀舌、旗枪：茶名，皆茶之上品。

[24] 欧公：指欧阳修，字永叔，号醉翁、六一居士。北宋政治家、文学家，谥号文忠，世称"欧阳文忠公"。

[25] 觔：通"斤"。

[26] 不知出自何人诗文。欧阳修《归田录》载："茶之品，莫贵于龙凤，谓之团茶。"

坡诗："拣芽[27]入雀舌，赐茗出龙团。"

欧诗："雀舌未经三月雨，龙芽先占一枝春。"

北苑诗[28]："带烟蒸雀舌，和露叠龙鳞。"

茶榜[29]："雀舌初调，玉碗分时文思健；龙团碎，金渠碾处睡魔降。"

历代贡茶，皆以建宁为上。有龙团、凤团、石乳、滴乳、绿昌明、头骨、次骨、末骨、京铤[30]等名，而密云龙[31]品最高，皆碾末作饼。至明朝，始用芽茶[32]，曰探春，曰先春，曰次春，曰紫笋及荐新等号，而龙凤团皆废矣，则福茶固甲于天下也。

------------------------------ 【注释】 ------------------------------

[27] 拣芽：指一芽带一叶，乃茶之上品。

[28] 北苑诗：此指宋朝丁谓的《北苑焙新茶》。

[29] 茶榜：屡见于清规。古代寺院举办重大的礼节性茶会，才需要张贴茶榜。

[30] 石乳、滴乳、绿昌明、头骨、次骨、末骨、京铤：皆古代贡茶名。

[31] 密云龙：又称"蜜云龙"，产于福建武夷山，品质优异，曾为北宋贡茶。

[32] 芽茶：以茶树新芽制成的茶叶。

《负暄杂录》[33]云："唐时制茶，不第建安品。五代之季，建属南唐，诸县采茶北苑。初造研膏[34]，继造蜡面[35]，既而又制佳者，曰京铤。宋太平兴国二年，始置龙凤模，遣使即[36]北苑团[37]龙凤茶，以别庶饮。又一种蓁生石崖，枝叶尤茂。至道初，有诏造之，别号石乳。又一种号的乳，又一种号白乳。自四种出，而蜡面斯下矣。"

真宗咸平中，丁谓为福建漕，监御茶，进龙凤团，始载之《茶录》。仁宗庆历中，蔡襄为漕，始改造小龙团以进。旨令岁贡，而龙凤团遂为次矣。

————————————【注释】————————————

[33] 《负暄杂录》：南宋顾文荐编撰，内容涉及作者所处宋朝社会的方方面面。

[34] 研膏：即研膏茶，一种团茶，唐宋贡茶。

[35] 蜡面：即蜡面茶。唐宋时福建所产名茶。

[36] 即：到，前往。

[37] 团：疑有误，应为"造"字。

神宗元丰间，有旨造密云龙，其品更在小龙团上。

哲宗绍圣中，又改为瑞云翔龙[38]，而密云龙又次矣。

徽宗大观初，亲制《茶论》[39]二十篇，以白茶自为一种，与他茶不同。其条敷阐[40]，其叶莹薄。崖林之间，偶然生出，非人力可致。正焙[41]之有者，不过四五家，家不过四五株，所造止于一二銙[42]而已。浅焙[43]亦有之，但品格不及，于是白茶遂为第一。既而又制三色细芽，及试新銙、贡新銙[44]。自三色细芽出，而瑞云翔龙又下矣。

———————————— 【注释】 ————————————

[38] 瑞云翔龙：北宋贡茶名。

[39] 《茶论》：即《大观茶论》，宋徽宗赵佶著。

[40] 敷阐：指茶树枝条多，且向外伸展的样子。

[41] 正焙：指生产贡茶的官焙茶园。

[42] 銙：古人腰带上的方形或椭圆形饰物，宋代贡茶做成这种形状而称为"銙"。饼茶单位也叫"銙"，一銙即一饼。

[43] 浅焙：距离上较接近正焙茶园的外焙茶园。

[44] 三色细芽、试新銙、贡新銙：均为贡茶名。

宣和庚子，漕臣郑可闻[45]始创为银丝冰芽，盖将已拣熟芽，再令别去，止取其心一缕，用珍器贮清泉渍之，光莹如银丝。然又制方寸新，有小龙蜿蜒其上，号"龙团胜雪"。又废白、的、石三鼎乳，造銙凡二十余色。初，贡茶皆入龙脑[46]，至是虑夺其味，始不用焉。盖茶之妙，至胜雪极矣。合为首冠，然在白茶之下者。白茶，上所好也。其茶岁分十余纲[47]，惟白茶与胜雪惊蛰后兴役[48]，浃日[49]乃成，飞骑仲春至京师，号为"纲头玉芽"。

【注释】

㊺ 郑可闻：疑误引，应为"郑可简"。宋宣和年间，曾任福建路转运使，创"银丝冰芽"。

㊻ 龙脑：俗称冰片。蒸馏龙脑树的树干而得到像樟脑的物质，有清凉气味。可制香料，也可入药。

㊼ 纲：生物学分类的一种，同一纲的生物特征相似，具有亲缘关系。此处指茶的批次多。

㊽ 兴役：役，劳役。指开始制茶。

㊾ 浃（jiā）日：古代以干支纪日，自甲至癸，一周十日为"浃日"。

附王褒《僮约》(节选)⑤⓪

奴当从百役使，不得有二言。……奴但当饭豆饮水，不得嗜酒。欲饮美酒，惟得染唇渍口，不得倾杯覆斗。……事讫欲休，当舂一石。夜半无事，浣衣当白。……奴不听教，当笞一百。读券文适讫，……两手自搏，目泪下落，鼻涕长一尺："审如王大夫⑤①言，不如早归黄土陌，蚯蚓钻额。……"

【注释】

---

⑤⓪ 因刘源长所录与王褒文章字词多处不符，此处依王褒《僮约》原文改。

⑤① 大夫：汉代对人的尊称。

唐宋诸家品茶

茶之产于天下，繁且多矣。品第之，则剑南之蒙顶石花为最上，湖州之顾渚紫笋次之，又次则峡州之碧涧簝、明月簝之类是也。惜皆不可致矣。

浙西湖州为上，常州次之。湖州出长兴顾渚山中，常州出义兴君山悬脚岭北崖下，论茶以湖常为冠。御史大夫李栖筠①典郡②日，陆羽以为冠于他境，栖筠始进。故事③，湖州紫笋以清明日到，先荐宗庙，后分赐近臣。

袁州之界桥茶，其名甚著，不若湖州之研膏、紫笋，烹之有绿脚垂。故韩公赋云："云垂绿脚④。"

【注释】

① 李栖筠：字贞一，唐朝中期名臣。

② 典郡：任郡守。典，主持、主管。

③ 故事：先例，旧时的典章制度。

④ 云垂绿脚：古人点茶用语。

叶梦得《避暑录》⑤："北苑茶有曾坑、沙溪二地，而沙溪色白，过于曾坑，但短而微涩⑥。草茶⑦极品，惟双井、顾渚。双井在分宁县，其地属黄鲁直家。顾渚在长兴吉祥寺，其半为刘侍郎希范所有。两地各数亩，岁产茶不过五六，所以为难。"

宇内土贡实众，而顾渚、蕲阳、蒙山为上，其次则寿阳、义兴、碧涧、澶湖、衡山，最下有鄱阳、浮梁。人嗜之如此者，晋西以前无闻焉。至精之味或遗也。

唐茶品最重阳羡。

【注释】

⑤ 叶梦得：字少蕴，号石林居士，宋代词人。《避暑录》，即《避暑录话》，该书主要记载名胜古迹、唐宋人物行止出处，杂以经史议论。

⑥ 脱一"味"字，应为"但味短而微涩"。

⑦ 草茶：指散茶，相对于团茶而言。

陆羽《茶经》、裴汶《茶述》，皆不载建品。唐末，然后北苑出焉。

黄儒[8]《茶论》云：陆羽《茶经》不第建安之品，盖前此茶事未兴，山川尚闷，露芽、真笋委翳消腐，而人不知尔。宣和中，复有白茶、胜雪，使黄君阅今日，则前乎此者，又未足诧也。

陆鸿渐以岭南茶味极佳。近世又以岭南多瘴疠，染著草木，不惟水不可轻饮，而茶亦宜慎择。大抵

【注释】

[8] 黄儒：字道辅，北宋人，著有《品茶要录》。《茶论》，此疑即《品茶要录》，因下句即出自《品茶要录·总论》。

瑞草以时出，时地递变，有不同耳。（按：茶正以山顶云雾，采时以日未出为佳。）

黄鲁直论茶："建溪如割，双井如霆，日铸如劈。"⑨（劈音最，刷物也。又音血，捝也。）

近如吴郡之虎丘、钱塘之龙井，香气芬郁，与山并可雁行⑩，惜不多得。往往以天目混龙井，以天池混虎丘，但天池多饮则腹胀，今多下之。

---【注释】---

⑨ 建溪如割，双井如霆，日铸如：建溪，水名，在福建闽江上游，所产建茶为茶中上品。双井，在江西修水县西，即黄庭坚所居之南溪。宋景祐之后，双井茶名声渐盛，为贡茶十品之一。黄庭坚《煮茗帖》中"双井如霆"，作"双井如挞"。日铸，浙江绍兴县东南之会稽山日铸岭，以产珠茶著名。

⑩ 雁行：并行，并列。

127

采茶

《茶经·三之造》云："凡采茶，在二月、三月、四月之间，其日有雨不采，晴采之。"

凡采茶必以晨，不以日出。日出露晞，为阳所薄，则腴①耗于内，及受水而不鲜明，故常以早为最。

采摘之时，须天色晴明，炒焙适中，盛贮如法。

一说，采时待日出山霁，雾障山岚收净采。

凡断芽必以甲，不以指。以甲则速断不柔，以指则多温易损。

采茶不必太细，细则芽初萌而味欠足；不必太青，青则茶以老而味欠嫩。须在谷雨前后，觅成梗带叶微绿色而团且厚者为上。

【注释】

① 腴：原意为腹下的肥肉，此处指茶叶中的膏脂。

茶宜高山之阴，而喜日阳之早。凡向阳处，岁发常早，芽极肥乳。

芽为雀舌，为麦颗。

茶芽如鹰爪、雀舌为上，一枪一旗[2]次之；又有一枪二旗之号，言一芽二叶也。

《顾渚山茶记》[3]云："山鸟如鸲鹆[4]而色苍，每至正二月作声'春起也'，至三月止'春去也'。采茶人呼为报春鸟。"

茶花冬开，似梅，亦清香。

古之采茶在二三月之间。建溪亦云：岁暖则先惊蛰即芽，岁寒则后惊蛰五日。先芽者气味未佳，

【注释】

② 一枪一旗：茶叶刚长出时的嫩芽为枪，叶子逐渐展开为旗。

③ 《顾渚山茶记》：即陆羽的《顾渚山记》。

④ 鸲鹆（qú yù）：俗称八哥。

惟过惊蛰者最，为第一。民间常以惊蛰为候，何古之风气如是？太早也。今时多以谷雨为候，清明恐早，立夏太迟，以谷雨前后，其时适中。若茶之佳者，决不早摘，必待气力完美，丰韵鲜明，色香尤倍，又易于收藏。惟岕山非夏前不摘。初试采者，谓之开园。采之正夏，谓之春茶。其地稍寒，故必须至夏。近有至七八月重摘一次，谓之早春，其品愈佳。

茶有种生、野生。种生者，用子，其子大如指，顶正圆，黑色。二月下种，须百颗乃生一株，空壳者多也。畏水与日，最宜坡地荫处。

凡种茶树，必下子，移植则不复生，故俗聘妇必以茶为礼，义固有所取也。

焙茶

茶采时，先择茶工之尤良者，倍其雇值，戒其搓摩，勿令生硬，勿令生焦，细细炒燥、扇冷，方贮罂中。

茶之燥，以拈起即成末为验。

凡炙茶，慎勿于风烬间炙，燥焰如钻，使炎凉不均。持以逼火，屡其翻正，候炮出培塿状、虾蟆状[1]，然后去火五寸。卷而舒，则本其始，又炙之。

夏至后三日焙一次，秋分后三日焙一次，一阳[2]后三日又焙之。连山中共五焙。直至交新，色香味如一。

茶有宜以日晒者，青翠香洁，胜以火炒。

火干者，以气热止；日干者，以柔止。

茶日晒必有日气，用青布盖之可免。

【注释】

① 陆羽《茶经》载："持以逼火，屡其翻正，候炮出培塿（póu lǒu），状虾蟆背。"培塿，指突起的小疙瘩。

② 一阳：即冬至日。

藏茶

茶宜箬叶①而畏香药，喜温燥而忌冷湿。故收藏之家，以箬叶封裹入焙中，三两日一次，用火常如人体温温然，以御湿润。火亦不可过多，过多则茶焦，不可食矣。

以中罈②盛茶，十觔一瓶。每瓶烧稻草灰入于大桶，将茶瓶坐桶中，以灰四面填桶，瓶上覆灰筑实。每用，拨开瓶，取茶些少，仍复覆灰，再无蒸坏，次年换灰。

空楼中悬架，将茶瓶口朝下放，不蒸。缘蒸气自天而下也。

以新燥宜兴小瓶，约可受三四两者。从大瓶中

【注释】

① 箬叶：箬竹的叶子，可做茶叶、粽子等的包装物。

② 罈：口小腹深的陶器。

贯入，以应不时之用。

罂中用浅，更以燥箬叶贮满之，则久而不浥③。

茶始造则清翠，藏不得其法，一变至绿，再变至黄，三变至黑，黑则不可饮矣。

藏茶欲燥，烹茶欲洁。

造时精，藏时燥，炮④时洁。精、燥、洁，茶道尽矣。

茶须筑实，仍用厚箬填满瓮口，扎紧封固。置顿，宜逼近人气，必使高燥，勿置幽隐。至梅雨溽暑，复焙一次，随热入瓶，封裹如前。

贮以锡瓶矣，再加厚箬，于竹笼上下周围紧护，

雅趣小书

【注释】

③ 浥：向外发散。

④ 炮：通"泡"。

即收贮二三载，出试之如新。

取茶必天气晴明，先以热水濯手拭燥，量日几何，出茶多寡，旋以箬叶塞满瓶口，庶免空头生风，有损茶色。

忌纸裹作宿。

徽茶芽叶鲜嫩，极难复火。

近人以烧红炭蔽杀，纸裹入瓶内，然后入茶，极妙。或以纸裹矿灰一块，亦妙。

制茶

茶之精好者，每一芽先去外两小叶，谓之乌蒂①。后又次去其两叶，谓之白合②。

乌蒂、白合，茶之大病。不去乌蒂，则色黄黑而恶；不去白合，则其味苦涩。

蒸芽必熟，去膏③必尽。蒸芽未熟，则草木气存；去膏未尽，则色浊而味重。受烟则香夺，压黄④则味失，此皆茶之病也。（按：虎丘茶不宜去膏，去则无味，只以炭火逼干为佳。）

茶择肥乳，则甘香而粥面，着盏而不散。土瘠而芽短，则云脚涣乱，入盏而易散。叶梗半则受水鲜白，叶梗短则色黄而泛。

（梗为叶之身，除去白合处，茶之色味俱在梗中。）

【注释】

① 乌蒂：采摘的茶叶带有蒂头，称作乌蒂。

② 白合：茶叶刚开始萌芽时，茶芽中两片合抱的小芽。

③ 膏：膏汁，指茶叶中的精华。

④ 压黄：泛指茶叶积压。

凡茶皆先拣后蒸，惟水芽⑤一茶，则先蒸后拣。

采之，蒸之，捣之，拍之，焙之，穿之，封之。自采至于封，七经目。

方春禁火⑥之时，于野寺山园丛手而掇，乃蒸、乃春、乃复以火干之，则又棨、扑、焙、贯、棚、穿、育等七事⑦。（棨，兵栏也。以手覆矢，曰棚。大约谓棨之使收，扑之使活，焙之使温，贯之使通，棚之使覆，穿之使融，

【注释】

⑤ 水芽：茶芽去除乌蒂和白合后，只留下小的心芽放置在水中，名为"水芽"。

⑥ 禁火：古时民间习俗。即在清明前一二日禁火三天，吃冷食，叫"寒食节"。

⑦ 此处误引，陆羽《茶经》载："棨、扑、焙、贯、棚、穿、育等七事皆废"。据《茶经》所言，棨，用来在茶饼上钻孔的锥刀。扑，又叫鞭，用来把茶饼穿成串，以便搬运。焙，烘焙茶饼用的焙炉。贯，贯穿茶饼用以焙茶的长竹条。棚（bīng），上下两层的木架子，放在焙上，用来烘焙茶饼，茶饼半干时放到下层，全干时升到上层。穿（chuàn），贯穿制好茶饼的索状工具。育，此处指储藏茶饼的器具，江南梅雨季节时用来烧火除湿。

育之使养之义也。此古蒸碾饼末之事。今用芽茶，与古法异。）

　　茶之佳者，造在社前，其次火前，其下雨前。火前谓寒食前，雨前谓谷雨前。齐己^⑧诗云："高人爱惜藏岩里，白甄封题寄火前。"盖未知社前之为佳也。（甄，音坠，小口罂^⑨也。）

　　茶有以骑火^⑩名者，言造制不在火前，不在火后也。清明改火，故谓之曰火。

【注释】

⑧ 齐己：唐末五代著名诗僧。

⑨ 罂：小口大腹的瓶。

⑩ 骑火：茶名，即骑火茶，产于宋代龙安的名茶，清明当日造。

　　茶团、茶片虽出古制，然皆出碾磨，殊失真味。

　　择之必精，濯之必洁，蒸之必香，火之必良。

　　茶家碾茶，须着眉上白，乃为佳。

　　采茶叶，须拣其大小厚薄一色者汇为一种，抽去中筋，剪去头尾，则色久尚绿，不然则易黄黑。

品水

陶学士毂[①]谓："汤者，茶之司命，水为急务。"

茶者，水之神；水者，茶之体。非真水莫显其神，非精茶曷窥其体。

《礼记》："水曰清涤。"

《文子》[②]曰："水之性清，沙石秽之。"

蔡君谟曰："水泉不甘，能损茶味。"

《荈赋》[③]："水则岷山之注，挹彼清流。"

陆鸿渐曰："山水上，江水次，井水下。"又云："山水，乳泉石池漫流者上，其瀑涌湍漱者，勿食，食之有颈疾。"

山下出泉，为蒙，稚也。物稚，则天全；水稚，

【注释】

① 陶学士毂：陶毂，字秀实，自号鹿门先生，五代至北宋人。著有《清异录》。

② 《文子》：老子的弟子文子所著，主要解说老子之言，阐发老子思想。

③ 《荈赋》：西晋杜毓著。内容涉及自茶树生长至饮茶的全过程。

则味全。

其曰乳泉石池漫流者，蒙之谓也，故曰山水上。其云瀑涌湍漱，则非蒙矣，故戒人勿食。

山厚者泉厚，山奇者泉奇，山清者泉清，山幽者泉幽，皆佳水也。

山宣气④以产万物，气宣则脉长，故曰"山水上"。

《博物志》⑤云："石者，金之根甲，石流精以生水。"又曰："水泉者，引地气也。"

泉非石出者，必不佳。故《楚词》⑥云："饮石泉兮荫松柏。"

皇甫曾⑦送陆羽诗："幽期山寺远，野饭石泉清。"

梅尧臣《碧霄峰茗》诗："烹处石泉嘉。"又

【注释】

④ 宣气：散发阳气，以生万物。

⑤ 《博物志》：西晋张华编撰。中国古代神话志怪小说集，记载异境奇物、山川地理、神话古史、神仙方术、人物传记等。

⑥ 《楚词》：即《楚辞》。

⑦ 皇甫曾：字孝常，唐代诗人。

云："小石冷泉留早味。"

山泉独能发诸茗颜色滋味。

洞庭张山人[8]云："山顶泉轻而清，山下泉清而重，石中泉清而甘，沙中泉清而洌，土中泉清而厚。盖流动者良于安静，负阴者胜于向阳，山削者泉寡，山秀者有神。"

江水取去人远者。去人远，则流净而水活。

杨子[9]，固江也。其南泠[10]则夹石渟渊，特入首品。若吴淞江，则水之最下者，亦复入品，何也？

井水取汲多者。汲则气通而流活，然脉暗味滞，终非佳品。

【注释】

⑧ 洞庭张山人：即张源，字伯渊，号樵海山人，著有《茶录》。山人，山居者，隐士。

⑨ 杨子："杨"通"扬"。扬子，长江的别称。

⑩ 南泠：又名中泠泉、南泠泉，位于镇江，曾被誉为"天下第一泉"。泠，水势曲折之意。

灵水

天一生水[11]而精不淆，上天自降之泽也。古称"上池之水"非与？

雨水

阴阳之和，天地之施，水从云降，辅时生养者也。

《拾遗记》[12]："香云遍润，则成香雨，皆灵雨也，俱可茶。"

和风顺雨，明云甘雨。

龙所行，暴而霪[13]者，旱而冻，腥而墨者，及檐沥者，皆不可食。

【注释】

---

[11] 天一生水：《河图》载："天一生水，地六成之。"

[12] 《拾遗记》：东晋王嘉所辑，书中多载神仙异闻。

[13] 霪：连绵不停的雨。

雪水

雪者，天地之积寒也。

《氾胜书》[14]："雪为五谷之精，取以煎茶，幽人清况[15]。"

陶穀取雪水烹团茶。

丁谓《煎茶》诗："痛惜藏书箧，坚留待雪天。"

李虚己[16]《建茶呈学士》诗："试将梁苑雪，煎动建溪春。"是雪尤宜茶也。

又云："雪水虽清，性感重阴，不宜多积。"

吴瑞[17]云："雪水煎茶，解热止渴。"

【注释】

[14]《氾胜书》：又名《氾胜之书》。西汉农学家氾胜之撰，记载了当时关中一带农业生产技术经验。

[15] 清况：指清雅的生活景况。

[16] 李虚己：字公受，宋代文人。

[17] 吴瑞：字瑞卿，元代人，著有《日用本草》。

陆羽品雪水第二十，又云："雪水煎茶，滞而太冷。"

腊雪解一切毒，春雪有虫易败。

冰水

冰，穷谷阴气所聚，结而为伏阴[18]也。在地英明者惟水，而冰则精[19]而且冷，是固清寒之极也。

谢康乐[20]诗："凿冰煮朝飧。"

逸人王休[21]，居太白山，每冬取溪冰，琢其精莹者煮建茗，供宾客。

【注释】

[18] 伏阴：寒气。

[19] 精：通"晶"。

[20] 谢康乐：即谢灵运，原名谢公义，字灵运。东晋至南朝杰出的诗人、文学家，东晋时袭封康乐公，世称谢康公、谢康乐。

[21] 王休：唐朝隐士。

梅水

山水、江水佳矣，如不近江、山，惟多积梅雨，其味甘和，乃长养万物之水也。

《茶谱》云："梅雨时，署[22] 大缸收水，煎茶甚美，经宿不变色。易贮瓶中，可以经久。"

芒种后，逢壬或庚或丙日进梅[23]。天道自南而北，凡物候先于南方。故闽粤万物早熟半月，始及吴楚。今江南梅雨将罢，而淮上方梅雨，逾河北至七月。少有徽气，而不之觉矣。固宜易地而论之。（一作徽，一作霉。）

芒种后逢壬为入梅，小暑后逢壬为出梅。

先时为迎梅雨，后之为送梅雨，及时为梅雨。

【注释】

㉒ 署：设置，放置。

㉓ 逢壬、或庚、或丙日进梅：壬日指农历中每月的九日、十九日、二十九日。庚日指农历中每月的七日、十七日、二十七日。丙日指农历中每月的三日、十三日、二十三日。

《埤雅》[24]云："今江、湘、二浙，四五月梅欲黄，落雨谓之梅雨。"

梅水雪水，久贮澄澈，烹茶甘鲜。

秋水

候爽气晶，渊潭清冷，雨亦澄澈，宜茶。

陈眉公[25]烹茶以秋水为上，梅水次之。

竹沥水

天台者佳，若以他水杂之，则丞败。

苏才翁[26]尝与蔡君谟斗茶，蔡茶用惠山泉，苏茶用竹沥水煎，遂能取胜。

泉贵清寒，泉不难于清而难于寒。其濑[27]峻流驶而清，岩奥[28]阴积而寒，亦非佳品。

【注释】

[24]《埤雅》：训诂书。宋代陆佃作，专门解释名物，为《尔雅》的补充。

[25]陈眉公：即陈继儒，号眉公。明代文学家、书画家。

[26]苏才翁：苏舜元，字子翁（又作才翁）、叔才。北宋初期文学家、书画家。

[27]濑（lài）：从沙石上流过的急水。

[28]奥：深处。

石少土多，沙腻泥凝者，必不清寒。

泉贵甘香。《尚书》："稼穑㉙作甘。"黍㉚甘为香，黍惟甘香能养人。泉惟甘香，故亦能养人。然甘易而香难，未有香而不甘者也。

凡泉上有恶木，则叶滋根润，皆能损其甘香，甚者能酿毒液。

洞庭山人又云："真源无味，真水无香。"

唐子西㉛《斗茶说》："水不问江井，要之贵活。"

有黄金处水必清，有明珠处水必媚，有子鲋㉜处水必腥腐，有蛟龙处水必洞黑。媺恶㉝不可不辨。

【注释】

㉙ 稼穑：春耕为稼，秋收为穑，意为播种与收获，此处泛指农作物。

㉚ 黍：一年生草本植物，今北方称之为"黄米"。其籽实煮熟后有黏性，可酿酒、做糕。

㉛ 唐子西：即唐庚，字子西，人称鲁国先生，北宋诗人。

㉜ 子（jié）鲋（fù）：子，蚊子的幼虫。鲋，蛤蟆。

㉝ 媺（měi）恶（è）：好坏，善恶。媺，即美。

叶清臣①《述煮茶泉品》

吴楚山谷间，气清地灵，多孕茶荈。大率右于武夷者，为白乳；甲于吴兴者，为紫笋；产禹穴者，以天章显；茂钱塘者，以径山稀；至于续庐之岩、云衡之麓②，鸦山著于吴歙，蒙顶传于岷蜀，角立差胜③，毛举实繁。然而天赋尤异，性靡受和，苟制非其妙，烹失于术，虽先雷而赢④，未雨而檐⑤，蒸焙以图，造作以经，而泉不香、水不甘，爨之、扬之⑥，若渣若滓。

----------------------------------- 【注释】 -----------------------------------

① 叶清臣：字道卿，北宋官员。

② 云衡之麓：高高的衡山山脚下。云，比喻高。衡，衡山。

③ 角立差胜，毛举实繁：比较则不相上下，细细列举就很繁杂。角立，比较。毛举，繁琐列举。

④ 先雷而赢：指早熟的茶。雷，二十四节气中的惊蛰，公历的3月5、6或7日。赢，通"赢"，指茶叶长成。

⑤ 檐：此处指将茶叶压制成饼状。檐，茶具的一种，用来压制茶饼。

⑥ 爨之、扬之：对茶叶进行炒焙、冲泡。

余少得温氏所著《茶论》⑦，尝识其水泉之目有二十焉。会西走巴峡，经虾蟆窟，北憩芜城，汲蜀冈井⑧，东游故都，绝扬子江，留丹阳酌观音泉，过无锡斟⑨惠山水，粉枪末旗⑩，苏兰薪桂⑪，且鼎且缶，以饮以炊，莫不瀹气涤虑，蠲病析酲⑫，祛鄙吝之生心，招神明⑬而还观。信乎！物类之得宜，臭味之所感，幽人之佳尚，前贤之精鉴，不可及已！

【注释】

⑦ 《茶论》：此处指唐代温庭筠所著的《采茶录》。原书大约佚于北宋，今存《采茶录》仅辨、嗜、易、苦、致五类六则，共计不足四百字。

⑧ 蜀冈井：指扬州大明寺水。

⑨ 斟（yǔ）：中国古代容器，也是容量单位。这里指用斟舀水。

⑩ 粉枪末旗：指上好茶叶。

⑪ 苏兰薪桂：比喻价值昂贵，用兰和桂作为柴薪。

⑫ 蠲（juān）病析酲（chéng）：除去疾病、解除醉酒之病。蠲，除去，免除。酲，醒酒后感觉困惫如病的状态。

⑬ 神明：指人的聪明才智。

　　噫！紫华绿英，均一草也；清澜素波，均一水也。皆忘情于庶汇[14]，或求伸[15]于知己。不然者，丛薄之莽[16]、沟渎之流，亦奚以异哉！游鹿故宫[17]，依莲盛府[18]，一命受职[19]，再期服劳[20]，而虎丘之靥沸，松江之清泚，复在封畛[21]。居然挹注[22]是尝，

──────────── 【注释】 ────────────

[14] 庶汇：各种品类。

[15] 求伸：赢得喜爱赞赏。

[16] 丛薄之莽：聚集而生的草木。

[17] 游鹿故宫：指做官。"鹿"通"禄"，所以把做官叫"游鹿"。故宫，这里指苏州。

[18] 依莲盛府：指做幕僚。南齐王俭领朝政，一时所辟，皆才名之士，庾杲之在王俭幕府，萧沔称他为绿水芙蓉，因此时人以入俭府为入莲花池。

[19] 一命受职：初次受职。

[20] 再期服劳：累年任职。再期，指第二年。

[21] 虎丘之靥沸，松江之清泚，复在封畛：靥沸，水泉涌出的声音，这里指虎丘水不断涌出。清泚，清澈。封畛，所管辖区域。意指虎丘、松江都属苏州。

[22] 挹注：本指取彼器之水倾入他器，这里是"舀取"之意。

所得于鸿渐之目，二十而七也。昔郦元善于《水经》，而未尝知茶；王肃癖于茗饮，而言不及水，表是二美，吾无愧焉。凡泉品二十，列于右幅。且使尽神，方之四两，遂成奇功㉓。代酒限于七升㉔，无忘真赏云尔。

【注释】

㉓ 典出五代毛文锡《茶谱》，说蒙山产的中顶茶，"若获一两，以本处水煎服，即能祛宿疾；二两，当眼前无疾；三两，固以换骨；四两，即为地仙矣"。

㉔ 代酒限于七升：以茶代酒，最多以七升为限。典出《三国志·吴书·韦曜传》："（孙）皓每飨宴，无不竟日，坐席无能否率以七升为限，虽不悉入口，皆浇灌取尽。"

贮水（附滤水、惜水）

贮水瓮须置阴庭中，覆以纱帛，使承星露之气，绝不可晒于日下。

饮茶惟贵茶鲜水灵。失鲜失灵，与沟渠何异？

取白石子瓮中，能养味，亦可澄水。

择水中洁净白石，带泉煮之，尤妙。

取水必用磁瓯，轻轻出瓮，缓倾铫[1]中，勿令淋漓瓮内，以致败水。（按：好泉放久色味变，以新水洗之，其法甚妙。）

蓄水忌新器，火气未退，易败水，亦易生虫。

瓮口盖宜谨固，防渴鼠窃水而溺。

泉中有虾蟹子虫，极能腥味，亟宜淘净。

又有一等极微细之虫，凡眼视不能见，宜用极

【注释】

① 铫（diào）：一种带柄有嘴、煮开水熬东西用的器具。

细夏布制如杓样，以瓷碗从缸中取水滤之，再用细帛制一小样如杓，就铫口注水，滤后仍振入缸中水内。

　　僧家以罗水而饮，虽恐伤生，亦取其洁。此不惟僧家戒律，修道者亦所当尔。

　　僧简长诗："花壶滤水添。"

　　于鹄[②]诗："滤水夜浇花。"（以上五则滤水。）

　　凡临佳泉，不可轻易漱濯，犯者为山林所憎。

　　佳泉不易得，惜之亦作福事也。

　　章孝标[③]《松泉》诗："注瓶云母滑，漱齿茯苓香。野客偷煎茗，山僧惜净床。"言偷，则诚贵；言惜，则不贱用。（以上惜水。）

【注释】

② 于鹄：唐大历年间诗人，多有禅诗。

③ 章孝标：字道正，唐代诗人。

汤候

　　李南金约^①，字存博，汧公^②子也。雅度简远，有山林之致。一生不近粉黛，性嗜茶。尝曰："茶须缓火炙，活火煎。"又云："《茶经》以鱼目、涌泉、连珠为煮水之节，然近世瀹茶，鲜以鼎镬^③，用瓶煮水，难以候视，则当以声辨一沸、二沸、三沸之节。始则鱼目散布，微微有声，为一沸；中则四边泉涌，累累连珠，为二沸；终则腾波鼓浪，奔涛溅沫，为三沸。三沸之法，非活火不成。炭火之有焰者，谓活火，以其去余薪之烟、杂秽之气也。"

　　煎茶当使汤无妄沸，水气全消，如三火之法^④，庶可以言茶矣。

　　茶欲养如此，候视始可养茶。

【注释】

① 李南金约：李约，唐朝宗室子孙，字存博。南金，此处疑与宋人李南金混淆。

② 汧（qiān）公：唐朝宰相李勉，封爵为汧国公。

③ 镬（huò）：古代的大锅。

④ 三火之法：即前一则所云三沸之法，亦称三火三沸之法。

屠纬真⑤云："薪火方交，水釜才炽，急取旋倾，水气未消，谓之嫩。若人过百息，水逾十沸，或以话阻事废，始取用之，汤已失性，谓之老。老与嫩皆非也。如坡翁云'蟹眼已过鱼眼生，飕飕欲作松风声'，尽之矣。"

顾况，号逋翁⑥，论煎茶云："煎茶，文火细烟，小鼎长泉。"

坡翁茶歌："李生好客手自煎，贵从活火发新泉。"又云："活水仍将活火煎。⑦"

坡诗："银瓶泻汤夸第二。"又云："雪乳已翻煎去脚，松风忽作泻时声。"

朱子⑧诗："地炉茶鼎烹活火。"

------------------------------【注释】------------------------------

⑤ 屠纬真：即屠隆，字长卿，一字纬真，号赤水、鸿苞居士，明代文学家、戏曲家。

⑥ 顾况：字逋翁，号华阳真逸，唐代诗人。

⑦ 清王文浩辑注《苏轼诗集》卷四十三《汲江煎茶》作"活水还须活火烹"。

⑧ 朱子：即朱熹，字元晦，号晦庵。南宋儒学集大成者，世尊称朱子。

　　黄鲁直⑨诗："风炉小鼎不须催，鱼眼常随蟹眼来。深注寒泉收第一，亦防枵腹暴干雷。"

　　黄鲁直《茶赋》云："汹汹乎如涧松之发清吹，皓皓乎如春空之行白云。"可谓得煎茶三昧。

　　谢宗《论茶录》⑩云："候蟾背之芬香，三沸成于活火。观虾目之涌浪，一壶汲于石城⑪。"

　　煎茶有三火三沸法。如李南金⑫"砌虫唧唧万蝉催，忽有千车捆载来。听得松风并涧水，急呼缥色绿磁杯"，则过老矣。何如罗景纶⑬之"松风桧

【注释】

⑨ 黄鲁直：即黄庭坚，字鲁直，号山古道人。

⑩ 《论茶录》：一作《茶论》或《论茶》。

⑪ 一壶汲于石城：唐代李德裕曾托亲信之人将金山下扬子江中泠水取一壶回来。其人乘船到南京石头城下才想起来，于是从长江中汲取了一瓶水献上。李德裕尝了之后说道："扬子江水的味道与以往不同了，此水很像是南京石头城下的水。"后用此赞李德裕善于鉴水。

⑫ 李南金：字晋卿，自号三溪冰雪翁，南宋词人。

⑬ 罗景纶：即罗大经，字景纶，号儒林，又号鹤林。南宋文人，编有《鹤林玉露》一书。

雨到来初，急引铜瓶离竹炉。待得声闻俱寂后，一瓯春雪胜醍醐”为得火候也。

罗景纶云："瀹茶之法，汤欲嫩而不欲老，盖汤嫩则茶味甘，老则过苦矣。若声如松风涧水，而遽瀹之，岂不过于苦而老哉？惟移瓶去火，少待其沸止而瀹之，然后汤适中而茶味甘。因补以'松风桧雨'一诗。"

陆氏烹茶之法，以末就茶镬，故以第二沸为合量而下末。若以今汤就茶瓯瀹之，则当用背二涉三之际合量，乃为辨声之诗，其诗即"砌虫唧唧"诗也。

赵紫芝[14]诗："竹炉汤沸火初红。"

【注释】

[14] 赵紫芝：即赵师秀，字紫芝，号灵秀，宋代诗人。

蔡君谟汤取嫩而不取老，盖为团饼茶发耳。今旗芽枪甲，汤候不足，则茶神不透，茶色不明，故茗战之捷，尤在五沸。

古人制茶，必碾、磨、罗，恐为飞粉，于是和剂印作龙凤团。见汤而茶神便浮，此蔡君谟汤用嫩而不用老。今则不假罗碾，元体全具，汤须纯熟，故曰："汤须五沸，茶奏三奇。"

虾眼、蟹眼、鱼眼连珠，皆为萌汤[15]，直至腾波鼓浪，水气全消，方是纯熟。如初声、转声、振声、骤声，皆为萌汤，直至无声，方是纯熟。如气浮一缕、二缕、三四缕，及缕不分，氤氲乱缕，皆为萌汤，直气至冲贯，方是纯熟。

【注释】

---

[15] 萌汤：刚刚烧开的水。

汤纯熟便取起，先注少许壶中，祛汤冷气，然后投茶。茶多寡，宜酌两壶，后又用冷水荡涤，使壶凉洁，不则减茶香矣。

凡茶少汤多，则云脚散。汤少茶多，则乳面浮[16]。此茶之多寡宜酌也。

茶以火候为先。过于文，则水性柔，柔则水为茶降；过于武，则火性烈，烈则茶为水制。

蔡君谟曰：候汤[17]最难，未熟则沫浮，过熟则茶沉。前世谓之蟹眼者，过熟汤也。况瓶中煮之不可辨，故曰候汤最难。

【注释】

[16] 乳面浮：又称乳面聚、粥面聚。古代点茶术语，茶多水少，茶末就聚集在水上，茶汤黏稠。

[17] 候汤：点茶术语，指观察煎水的适宜程度，把握恰当的时机投入茶末进行烹煮。

《茶寮记》[18]："煎用活火，候汤眼鳞鳞起，沫饽[19]鼓泛，投茗器中。初入汤少许，候汤茗相投，即满注。云脚渐开，乳花[20]浮面，则味全。盖古茶用团饼碾屑，味易出，叶茶骤则乏味，过熟则味昏底滞。"

陆鸿渐曰："凡酌茶置诸碗，令饽沫均和。饽沫者，汤之华也。华之薄者曰沫，厚者为饽，轻细者曰华。"

晋杜毓[21]《荈赋》："惟兹初成，沫沉华浮，焕若积雪，烨若春蔬[22]。"（喻汤之华也。）

陶学士云："汤者，茶之司命[23]。故汤最重。"

先茶后汤，曰下投；汤半下茶，曰中投；先汤

【注释】

[18]《茶寮记》：明代陆树声著。

[19] 沫饽：茶水煮沸时产生的浮沫。

[20] 乳花：烹茶时茶盏上所泛的浮沫。

[21] 杜毓：字方城，西晋文人。

[22] 蔬（fū）：花的通名。

[23] 司命：神名，神话传说中掌管人生命的神。

后茶，曰上投。春秋中投，夏上投，冬下投。

　　水火已备，旋涤茶具，令必洁必净。俟汤将沸，先以热水少许荡壶令热，壶盖可置瓯内，或仰置几上。覆案上，恐侵漆气、食气也。

　　投茶用硬背纸作半竹样，先握手中，以汤之多寡，酌茶之多寡。俟汤入壶未满，即投茶，旋以盖覆。呼吸顷，满倾一瓯，重投壶内，以动荡其香韵。再呼吸顷，可泻以供用矣。

　　一壶之茶，止可再巡。初巡则丰韵色嫩，再则醇美甘冽，三巡则意况尽矣。武林许次纾[24]常与冯开之[25]戏论茶候，以初巡为婷婷袅袅十三余，再巡

【注释】

[24] 许次纾：字然明，号南华。明代茶人、学者，著有《茶疏》传世。

[25] 冯开之：即冯梦祯，字开之，明代文人。

为碧玉破瓜年，三巡以来绿叶成阴矣。开之大以为然。

凡饮茶，壶欲小。小则再巡已终，宁使余芬剩馥尚留叶中，无令意况尽也。余叶旋归滓碗，以俟别用。

苏廙作汤十六法[26]，以老嫩言者，凡三品；以缓急言者，凡三品；以器标者，共五品；以薪论者，共五品。

【注释】

[26] 汤十六法：指《十六汤品》。

苏廙《十六汤品》

第一，得一汤。火绩已储，水性乃尽，如斗中米，如秤上鱼，高低适平，无过不及为度，盖一而不偏杂者也。天得一以清，地得一以宁，汤得一可建汤勋。

第二，婴汤。薪火方交，水釜才炽，急取旋倾，若婴儿之未孩，欲责以壮夫之事，难矣哉！

第三，百寿汤。人过百息，水逾十沸，或以话阻，或以事废，始取用之，汤已失性矣。敢问皤鬓苍颜之大老，还可执弓挟矢以取中乎？还可雄登阔步以迈远乎？

第四，中汤。亦见夫鼓琴者也，声失中则失妙；亦见夫磨墨者也，力失中则失浓。声有缓急则琴亡，力有缓急则墨丧，注汤有缓急则茶败。欲汤之中，臂任其责。

第五，断脉汤。茶已就膏[1]，宜以造化成其形。若手颤臂軃[2]，惟恐其深，瓶嘴之端，若存若亡，汤不顺通，故茶不匀粹。是犹人之百脉，气血断续，欲寿奚苟？恶毙宜逃。

第六，大壮汤。力士之把针，耕夫之握管，所以不能成功者，伤于粗也。且一瓯之茗，多不二钱，若盏量合宜，下汤不过六分。万一快泻而深积之，茶安在哉！

第七，富贵汤。以金银为汤器，惟富贵者具焉。所以策[3]功建汤业，贫贱者有不能遂也。汤器之不可舍金银，犹琴之不可舍桐，墨之不可舍胶。

第八，秀碧汤。石，凝结天地秀气而赋[4]形者

[注释]

① 茶已就膏：意指茶末已调成膏状。调膏，点茶的一道程序，先注少量汤入盏，令茶末调匀。

② 軃(duǒ)：下垂。

③ 策：古代写字用的竹片或木片。此处引申为记录功勋于策上。

④ 赋：给予，亦特指天生的资质。

也，琢以为器，秀犹在焉。其汤不良，未之有也。

第九，压一汤。贵厌金银，贱恶铜铁，则瓷瓶有足取焉。幽士逸夫，品色尤宜。岂不为瓶中之压一乎？

第十，缠口汤。猥人俗辈，炼水之器，岂暇深择，铜铁铅锡，取熟而已。夫是汤也，腥苦且涩。饮之逾时，恶气缠口而不得去。

第十一，减价汤。无油之瓦⑤，渗水而有土气。虽御胯宸缄⑥，且将败德销声。谚曰：茶瓶用瓦，如乘折脚骏登高。好事者幸⑦志之。

第十二，法律汤。凡木可以煮汤，不独炭也。惟沃茶之汤，非炭不可，在茶家亦有法律。水忌停，

【注释】

⑤ 无油之瓦：未上釉的陶器。油，同"釉"，物有光泽。

⑥ 御胯宸缄：指皇室宫廷装饰精美的御用之茶。宸，北极星所在，借指帝王所居，或直接借指帝王。御胯，指皇室宫廷所用的高贵饰品。

⑦ 幸：希望。

薪忌熏。犯律逾法，汤乖则殆矣。

　　第十三，一面汤。或柴中之麸火⑧，或焚余之虚炭，木体虽尽而性且浮，性浮则汤有终嫩之嫌。炭则不然，实汤之友。

　　第十四，宵人汤。茶本灵草，触之则败。粪火虽热，恶性未尽。作汤泛茶，减耗香味。

　　第十五，贼汤。竹篠⑨树梢，风日干之，燃鼎附瓶，颇甚快意。然体性虚薄，无中和之气⑩，为茶之残贼⑪也。

　　第十六，魔汤。调茶在汤之淑慝⑫，而汤最恶烟。燃柴一枝，浓烟蔽空，又安有汤也？苟用此，又安有茶耶？所以为大魔。

──────────【注释】──────────

⑧ 麸火：质松而轻的木柴燃烧的火。

⑨ 篠（xiǎo）：细小的竹子。

⑩ 无中和之气：火力不适中。中和，人的性情中正平和。

⑪ 贼：伤残，毁坏。

⑫ 淑慝（tè）：淑，美好。慝，邪恶。

茶具

商象

古石鼎也，用以煎茶。

鸣泉

煮茶铛^①也。

苦节君

湘竹风炉，用以承铛煎茶。

乌府

竹篮，盛炭，为煎茶之资。

降红

铜火箸，不用连索。

团风

湘竹扇也，用以发火。

水曹

即磁、瓦缶，用以贮泉，以供火鼎。

【注释】

---

① 铛（chēng）：平底浅锅，此处指煮茶用的温器。

云屯

屠注：泉缶。疑即水曹。

分盈

杓也，用以量水。

坡诗："大瓢贮月归春瓮，小杓分江入夜瓶。"皆曲尽烹茶之妙。

漉尘

茶洗也，用以洗茶。

屠隆《茶笺》云："凡烹茶，先以熟汤洗茶，去其尘垢冷气，烹之则美。"

注春

瓷瓦壶也，用以注茶。

啜香

瓷瓯也，用以啜茶。

受污

拭抹布也，用以洁瓯。拭以细麻布，他皆秽，不宜用。

归洁

竹筅帚也，用以涤壶。

纳敬

湘竹茶橐^②，用以放盏。

撩云

竹茶匙也，用以取果。

【注释】

② 茶橐（tuó）：茶托。橐，通"托"。

又录《茶经》四事

◆ **具列**

或作床，或作架，或木，或竹，悉敛诸器物，悉以陈列也。

◆ **湘筥焙**

焙茶箱。盖其上，以收火气也；隔其中，以有容也；纳火其下，去茶尺许，所以养茶色香味也。

豹革囊

豹革为囊，风神呼吸之具也。煮茶啜之，可以涤滞思而起清风，每引此义，称茶为水豹囊。

茶瓢

山谷云："相茶瓢，与相邛竹[①]同法。不欲肥而欲瘦，但须饱风霜耳。"

陆鸿渐《茶经·四之器》外，复有茶具二十四事，其标名如韦鸿胪、水待制、漆雕秘阁之类。

陆鸿渐茶具二十四事，以都统笼[②]贮之，远近倾慕，好事者家藏一具。

高深甫[③]茶具十六事，又有茶器七具。

屠隆《茶笺》茶具二十七，其立名同异相仿[④]。

【注释】

① 邛竹：指筇（qióng）竹，又名罗汉竹、宝塔竹等。竹节膨大，形态奇特，工艺和观赏价值很高。

② 都统笼：贮藏各种茶具的大笼子。

③ 高深甫：即高濂，字深甫，号瑞南道人，浙江杭州人。明代戏曲家。

④ 仿（fǎng）：通"仿"，相似，好像。

茶事

　　屠赤水[①]园居，敞小寮于啸轩埤垣之西，中设茶灶，凡瓢汲、罂注、濯、沸之具咸庀[②]。择一人稍通茗事者主之，一人佐炊汲，客至，则茶烟隐隐起竹外。其禅客过从予者，每与余相对，结跏趺坐[③]，啜茗汁，举无生话[④]。终南僧明亮者，近从天池来，饷予天池苦茶，授余烹点法甚细。余尝受其法于阳羡士人，大率先火候，其次汤候，所谓蟹眼、鱼目，参沸沫浮沉，以验生熟者，法皆同。而僧所烹点，绝味清，乳面不黟[⑤]，是具入清净味中三昧[⑥]者。

【注释】

① 此段引自陆树声的《茶寮记》，是陆树声家居之时与终南僧明亮同试天池茶而作，原文前并未有"屠赤水"三字。

② 庀(pǐ)：齐备。

③ 结跏趺(jiāfū)坐：修禅者的一种坐法，两足交叉置于左右股上。也指静坐、端坐。

④ 举无生话：意指所说的都不是世俗之话。

⑤ 黟(yī)：黑色。

⑥ 三昧：佛教用语，是佛教的修行方法之一，意为排除一切杂念，使心神平静。此处指僧人明亮的烹茶技艺已经达到心无杂念的精绝境界。

要之，此一味非眠云跂石人⑦未易领略。余方远俗，雅意禅栖⑧，安知不因是遂悟入赵州耶？

茶寮，侧室一斗，相傍书斋，内设茶灶一，茶盏六，茶注二，余一以注熟水，茶白一，拂刷、净布各一，炭箱一，火钳一，火箸一，火扇一，火斗一，茶盘一，茶橐二。当教童子专主茶役，以供长日清谈，寒宵兀坐⑨。

煮汤最忌柴烟熏。《清异录》⑩云："五贼六魔汤也。"⑪

-------------------【注释】-------------------

⑦ 眠云跂石人：眠于云间、坐在石上的人，指隐士或方外之人。

⑧ 雅意禅栖：雅意，向来的意愿。禅栖，指出家隐居。

⑨ 兀坐：独自端坐。

⑩ 《清异录》：宋代笔记小说集，五代至北宋人陶穀撰写，反映了隋唐五代的社会生活全貌，尤其是唐代饮食。

⑪ 误引。苏廙《十六汤品》中，第十五为贼汤，第十六为魔汤。

　　《茶经》云："其火用炭，次用劲薪。其炭曾经燔炙，为膻腻所侵，及膏木[12]败器，勿用也。"

　　李南金所云"活火"，正炭之有焰者。

　　凡木可以煮汤，不独炭也。惟调茶在汤之淑慝，而汤最畏烟，非炭不可也。若暴炭膏薪，浓烟蔽室，实为茶魔。或柴中之麸火，焚余之虚炭，风干之竹篠树梢，燃鼎附瓶，颇甚快意，然体性浮薄，无中和之气，亦非汤友。（以上四则择薪，皆苏廙《十六汤品》所言。此又揭人所易蹈者而切言之也。）

　　策功见[13]汤业者，金银为优，贫贱不能具，则瓷石有足取焉。瓷瓶不夺茶气，幽人逸士品色尤宜。石，凝结天地秀气而赋形，琢以为器，秀犹在焉，

【注释】

⑫ 膏木：有油脂的树木。

⑬ 见：此处同"建"。

174

其汤不良，未之有也。然勿与夸珍衔豪者道。铜铁铅锡，腥苦且涩。无油瓦瓶，渗水而有土气，用以炼水，饮之逾时，恶气缠口而不得去。

茶瓶、茶盏、茶匙生鉎^⑭，致损茶味，必先时洗洁则美。

银瓢惟宜朱楼华屋，若山斋茅舍，锡与磁俱无损于茶味。

壶，古用金银，以金为水母^⑮也，然未可多得。襄如赵良璧比之黄元吉^⑯，所造款式素雅，敲之作金石声。又如龚春、时大彬^⑰所制，黄质而坚，光华若玉，价至二三十千钱，俱为难得。迨今徐友泉、

【注释】

⑭ 鉎（shēng）：铁锈。这里指金属锈。

⑮ 以金为水母：按五行生克说，金生水，即金为水之母。意指金能含养水。

⑯ 赵良璧、黄元吉：皆明代民间艺人，善制壶。

⑰ 龚春、时大彬：明代制壶大家。

陈用卿、惠孟臣[18]诸名手，大为时人宝惜，皆以粗砂细做，殊无土气，随手造作，颇极精工。至若归壶[19]，人皆以为贵，第置之案头，形质怪异，俗气侵人，不可用也。（以上涤器。）

凡点茶，先熁[20]盏，热则茶面聚乳，冷则茶色不浮。

盏以雪白为上。

茶有真香，有佳味，有正色。烹点之际，不以珍果香草杂之。夺其香者，松子、柑橙、茉莉、蔷薇、木樨之类是也。夺其味者，荔枝、圆眼、牛乳之类是也。夺其色者，柿饼、胶枣、杨梅之类是也。若用，则宜核桃，榛子、瓜、杏、榄仁、鸡头、银杏、栗子之类。然饮真茶，去果方觉清绝，杂之则无辨矣。（以上择果。）

【注释】

⑱ 徐友泉、陈用卿、惠孟臣：明代制壶大家。

⑲ 归壶：清代人归复初制的茶壶。

⑳ 熁（xié）：熏烤、熏蒸。

茶之隽赏

茶之妙有三：一曰色，二曰香，三曰味。

茶以青翠为胜，涛①以蓝白为佳。

蔡君谟云："善别茶者，正如相工之视人气色也。隐然察之于内，以肉理润者为上。"

表里如一，曰纯香；雨前神具，曰真香；火候均停，曰兰香。

蔡君谟曰："茶有真香，而入贡者微以龙脑和膏，欲助其香。建安民间试茶，皆不入香，恐夺其真。若烹点之际，又杂珍果香草，其夺益甚，正当不用。"

味以甘润为上，苦涩下之。

蔡君谟云："茶味主于甘滑，惟北苑诸焙、凤凰山连属所产者，味极佳。隔溪诸山，虽及时加意制作，色味皆重，莫能及也。又有，水泉不甘，能

【注释】

---

① 涛：指茶盏。

损茶味，前世之论水品者以此。"

《茶录》："品茶，一人得神，二人得趣，三人得味，七八人是名施茶。"②

茶之为饮，最宜精行修德之人。兼以白石、清泉，烹煮如法，不时废而或兴，能熟习而深味，神融心醉，觉与醍醐甘露抗衡，斯善赏鉴者矣。使佳茗而非其人，犹汲泉以灌蒿莱，罪莫大焉。有其人而未识其趣，一吸而尽，不暇辨味，俗莫甚焉。

【注释】

② 此句实出自陈继儒的《岩栖幽事》。明代张源《茶录》所载为："饮茶以客少为贵，客众则喧，喧则雅趣乏矣。独啜曰幽，二客曰胜，三四曰趣，五六曰泛，七八曰施。"施茶，意指人多喝茶如布施。

　　司马公^③曰："茶欲白，墨欲黑。茶欲重，墨欲轻。茶欲新，墨欲陈。二者正相反。"苏曰："上茶妙墨皆香，其德同也。皆坚，其操同也。譬如贤人君子，黔皙美恶之不同，其德操一也。"

　　建人斗茶为茗战，着盏无水痕者，绝佳。

　　许云邮^④曰："挹雪烹茶，调弦度曲，此乃寒夜斋头清致也。"

【注释】

③ 司马公：即司马光，字君实，号迂叟。北宋政治家、史学家、文学家。

④ 许云邮：即许相卿，字伯台，晚年号云邮老人，明代官员。

茶之辨论

唐子西《茶说》："茶不问团銙，要之贵新。欧阳少师①得内赐小龙团，更阅三朝，赐茶尚在，此岂复有茶也哉？"

沈括，字存中。《梦溪笔谈》云："茶芽谓雀舌、麦颗，言至嫩也。茶之美者，其质素良，而所植之土又美，新芽一发，便长寸余，其细如针。如雀舌、麦颗者，极下材尔，乃北人不识，误为品题。予山居有《茶论》，复口占一绝：'谁把嫩香名雀舌，定来北客未曾尝。不知灵草天然异，一夜风吹一寸长。"

《潜确书》②："茶千类万状，略而言之，有

【注释】

① 欧阳少师：即欧阳修，曾任太子少师。

② 《潜确书》：即《潜确类书》，明陈仁锡撰。本段内容引自陆羽《茶经·三之造》，文字大多有删改。

如胡人靴者，蹙缩然；犎牛③臆者，廉襜然④；浮
云出山者，轮囷然⑤；轻飙⑥拂水者，涵澹⑦然。
此皆茶之精腴者。有如竹箨⑧者，枝干坚实，艰于
蒸捣，其形籭簁⑨然，有如霜荷者，茎叶凋沮，易
其状貌，厥状萎萃然。此皆茶之瘠者也。自胡靴至

【注释】

③ 犎（fēng）牛臆者：犎牛，一种野牛，背上肉突起，像驼峰。臆，指
牛胸肩部位的肉。

④ 廉襜（chān）然：像帷幕一样有起伏。廉，边侧。襜，帷幕。

⑤ 轮囷（qūn）：曲折回旋状。囷，回旋、围绕。

⑥ 轻飙（biāo）：轻风。

⑦ 涵澹（dàn）：水因风起伏摇荡的样子。

⑧ 箨（tuò）：竹笋的外壳。

⑨ 籭簁（shāishāi）：籭、簁相通，皆为竹器。此处指竹筛。

于霜荷，凡八等。[10]"（"有如陶家之子"，"又如新治地者"，二则删。）

以光黑平正言嘉者，斯鉴之下也。以皱黄坳垤[11]言佳者，鉴之次也。若皆言嘉及皆言不嘉者，鉴之上也。出膏者光，含膏者皱，宿制者黑，日成者黄，蒸压则平正，纵[12]之则坳垤。此茶与草木叶一也。茶之否臧[13]，存于口诀。

唐人以对花啜茶为杀风景。故王介甫诗云："金谷花前莫漫煎。"其意在花，非在茶也，金谷花前洵不宜矣，若把一瓯，对山花啜之，当更助风景。

【注释】

⑩ 《茶经·三之造》所载："自胡靴至于霜荷，凡八等"，分别指茶叶形状像胡人靴、犎牛臆、浮云出山、轻飙拂水、陶家之子罗膏土、新治地、竹箨、霜荷八种。

⑪ 坳垤（àodié）：指茶饼表面不平整。坳，低凹的地方。垤，小土丘。

⑫ 纵：放纵，草率。指压得不实。

⑬ 否臧（pézāng）：优劣、褒贬。否，恶。臧，善，好。

试茶、辨茶，必须知茶之病。

茶有九难，一曰造，二曰别，三曰器，四曰火，五曰水，六曰炙，七曰末，八曰煮，九曰饮。阴采夜焙，非造也；嚼味嗅香，非别也；膻鼎腥瓯，非器也；膏薪庖炭，非火也；飞湍壅潦⑭，非水也；外熟内生，非炙也；碧粉缥尘，非末也；操艰搅遽⑮，非煮也；夏兴冬废，非饮也。

⑭ 壅潦（lǎo）：停滞的积水。潦，积水。

⑮ 遽：急速、匆忙。

茶之高致

唐卢仝《七碗歌》云："柴门反关无俗客，纱帽笼头自煎吃。"

温公与范景仁共登高岭^①，由辕辕道至龙门，涉伊水，坐香山憩，临八节滩，多有诗什，各携茶登览。

杨东山^②致仕家居，年八十，曾云巢^③年尤高，携茶看东山。其诗云："知道华山方睡觉，打门聊伴茗奴来。"东山和诗有云："锦心绣口垂金薤，月露天浆贮玉杯。"（月露天浆，茶之精好也。）

古人高致，每携茶寻友，如赵紫芝诗云："一瓶茶外无祗待，同上西楼看晚山。"

【注释】

① 温公与范景仁共登高岭：温公，即司马光。司马光曾封爵温国公，世称司马温公。范景仁，即范镇，字景仁，北宋文学家、史学家。高岭，此处指嵩山。

② 杨东山：杨万里之子杨长孺。据《鹤林玉露》载："（宋理宗）端平初（杨东山）累辞召命，以集英殿修撰致仕家居，年八十。"

③ 曾云巢：即曾三异，字无疑，号云巢，南宋人。

和凝④在朝，率同列递日以茶相饮，味劣者有罚，号为汤社。

钱起⑤，字仲文，与赵莒为茶宴，又尝过长孙宅，与朗上人作茶会。⑥

周韶⑦好蓄奇茗，尝与蔡君谟斗胜，品题风味，君谟屈焉。

陆龟蒙，字鲁望，嗜茶荈，置小园顾渚山下，岁取租茶，自判品第。

唐肃宗赐张志和⑧奴婢各一人，张志和配为夫妇，号渔童、樵青。渔童捧钓收纶，芦中鼓。樵青苏兰薪桂，竹里煎茶。

--------------------------------- 【注释】 ---------------------------------

④ 和凝：字成绩，五代词人。

⑤ 钱起：字仲文，唐代诗人。

⑥ 此句主要述钱起《与赵莒茶宴》《过长孙宅与朗上人茶会》二诗。赵莒，唐代文人，与钱起交好。长孙，复姓。朗，法号。上人，对僧侣的尊称。

⑦ 周韶：宋代官妓。

⑧ 张志和：字子同，号玄真子。唐代诗人，后弃官隐居。

梅圣俞，名尧臣。《在楚斫茶磨题诗》有："吐雪夸新茗，堆云忆旧溪。北归惟此急，药臼不须赍。"可谓嗜茶之极矣。（圣俞茶诗甚多，《沙门颖公遗碧霄峰茗》俱有吟咏。）

学士陶毂得党太尉家姬，取雪水煎茶，曰："党家应不识此。"姬曰："彼粗人，但于销金帐下饮羊羔儿酒尔。"

《嘉兴南湖志》：苏轼与文长老尝三过湖上，汲水煮茶，后人建煮茶亭，以识其胜。

陆贽，字敬舆，张益⑨饷钱百万，茶一串。陆止受茶一串，曰："敢不承公之赐。"

仙人石室，石高三十余丈，室外蔓藤联络，登者攀缘而入，即泷溪福地⑩。有陆羽题名。（属广东韶州府乐昌县。）

【注释】

⑨ 张益：原文误。实为张镒。

⑩ 泷溪福地：道教七十二福地之一。

饶州府余干县冠山，羽尝凿石为灶，取越溪水煎茶于此。迄今名陆羽灶。

怀庆府济源，内有卢仝别业，有烹茶馆。

僧文莹⑪堂前种竹数竿，蓄鹤一只。每月白风清，则倚竹调鹤，瀹茗孤吟。

冯开之精于茶政，手自料涤。客有笑者，吴宁野⑫戏解之曰："此正如美人，犹如古法书名画，度可著俗汉之手否？"

倪云林⑬性嗜茶。在惠山中，用核桃、松子肉和粉与糖霜共成小块，如石子，置茶中，出以啖客，名曰清泉白石。

赵行恕⑭，宋宗室也。慕云林清致，访之，坐定，

【注释】

⑪ 文莹：字道温，一字如晦，北宋僧人。

⑫ 吴宁野：即吴从先，字宁野，号小窗。明代文人。

⑬ 倪云林：即倪瓒，字元镇，号云林子、荆蛮民、幻霞子等。元代文人、画家，工诗、书、画。

⑭ 赵行恕：宋朝宗室后裔。

童子供茶。行恕连啜如常，云林悒然⑮曰："吾以子为王孙，故出此品，乃略不知风味，真俗物也。"

高濂曰："西湖之泉以虎跑为贵，两山之茶以龙井为佳。谷雨前采茶旋焙，时汲虎跑泉烹啜，香清味冽，凉沁诗脾。每春当高卧山中，沉酣新茗一月。"

李约，唐司徒⑯、汧公子。雅度玄机，萧萧冲远⑰，有山林之致。在湖州，尝得古铁一片，击之清越。又养猿，名"山公"，尝以随逐月夜，泛江登金山，击铁鼓琴，猿必啸和，倾壶达旦，不俟外宾。

【注释】

⑮ 悒然：郁闷貌。

⑯ 司徒：古代官职名，掌管民事。

⑰ 冲远：冲和高远。

茶癖

琅琊王肃①喜茗，一饮一斗，人号为"漏卮"②。

刘缟③慕王肃之风，专习茗饮。彭城王④谓之曰："卿不慕王侯八珍，而好苍头水厄⑤。"

《世说》云："王濛⑥好茶，人至辄饮之。士大夫甚以为苦，每欲候濛，必云：'今日有水厄。'"

李约性嗜茶，客至不限瓯数，竟日爇火、执器不倦。

皮光业⑦，字文通，最耽茗饮。中表请尝新柑，

【注释】

① 琅琊王肃：琅琊，今山东临沂一带。王肃，字恭懿，曾先后仕南齐和北魏，是著名的经学家。

② 漏卮：有漏洞的盛酒器。

③ 刘缟：北魏官员。

④ 彭城王：此处指北魏孝文帝之弟元勰。

⑤ 水厄：此处指饮茶。

⑥ 王濛：字仲祖，东晋名士。

⑦ 皮光业：唐代文人皮日休的儿子。

筵具甚丰，簪绂⑧丛集。才至，未顾尊罍，而呼茶甚急，径进一巨觥。诗曰："未见甘心氏，先迎苦口师。"众噱曰："此师固清高，难以疗饥也。"

唐大中一僧年一百三十岁，宣宗问服何药致然。对曰："臣少也贱，不知服药。性本好茶，至处惟茶是求，饮百碗不厌。"因赐茶五十斤。

茶欲其白，常患其黑，墨则反是。然墨磨隔宿则色暗，茶碾过日则香减，颇相似也。茶以新为贵，墨以古为佳，又相反也。茶可于口，墨可于目。蔡君谟老病不能饮，则烹而玩之。吕行甫⑨好藏墨而不能书，则时磨而小啜之，皆可发来者一笑。

【注释】

⑧ 簪绂：指冠簪和缨带，古代官员服饰。亦用以喻显贵。

⑨ 吕行甫：即吕希彦，字行甫。北宋枢密使吕公弼之子。

茶效

《茶经》："茶味至寒，最宜精行俭德之人。若热渴、凝闷、脑痛、目涩、四支烦、百节不舒，聊四五啜，与醍醐、甘露抗衡也。"

《本草拾遗》[1]："人饮真茶，能止渴消食，除痰少睡，利水道，明目益思。"

坡公云："人固不可一日无茶，每食已，以浓茶漱口，烦腻既去，而脾胃自清。凡肉之在齿间者，得茶涤之，乃尽消缩，不觉脱去，不烦刺挑也。而齿性便苦，缘此益坚密，蠹[2]毒自已矣，然率用中茶。"

宋裴汶[3]《茶述》云："其性精清，其味淡洁，其用涤烦，其功致和。参百品而不混，越众饮而独高。烹之鼎水，和以虎形，人人服之，永永不厌。

[注释]

① 《本草拾遗》：一名《陈藏器本草》，唐陈藏器撰。原书已佚。

② 蠹（dù）：蛀蚀。

③ 此处"宋"为误，裴汶为晚唐人。

得之则安，不得则病。彼芝术黄精④，徒云上药，致效在数十年后，且多禁忌，非此伦也。或曰多饮令人体虚病风。予曰，不然。夫物能祛邪，必能辅正，安有蠲逐众病而靡保太和哉？"

李白诗："破睡见茶功。"

《玉露》云："茶之为物，涤昏雪滞，于务学勤政，未必无助也。"

闽广岭南茶，谷雨、清明采者，能治痰嗽，疗百病。

巴东有真香茗，其花白色如蔷薇，煎服令人不眠，能诵无忘。

蒙山上有清峰茶，最为难得。多购人力，俟雷

[注释]

④ 芝术黄精：芝，指灵芝，古人视为仙草，认为有起死回生之效。术，指白术，根茎可入药，有健脾益气、止汗燥湿之效。黄精，多年生草本植物，可入药，有补气健身之效。

发声，并步采摘，三日而止。若获一两，以本处水煎饮，即驱宿疾，二两轻身，三两换骨，四两成地仙矣。

今青州蒙山茶，乃山顶石苔，采去其内外皮膜，揉制极劳。其味极寒，清痰第一，又与蜀茶异品者。

茶之别者，有枳壳芽、枸杞芽、枇杷芽，皆治风痰。

凡饮茶，少则醒神思，多亦致疾。

《唐新语》[5]："右补阙毋景[6]云，释滞消壅，一日之利暂佳；瘠气侵精，终身之累斯大。获益则印[7]归茶力，贻患则不谓茶灾，岂非福近易知，祸远难见？"

――――――――― 【注释】 ―――――――――

[5] 《唐新语》：又名《大唐新语》《大唐世说新语》《唐世说新语》《世说》《大唐新话》等，唐刘肃撰，是一部笔记小说集。

[6] 右补阙毋景：一说为唐右补阙綦毋（qíwú）旻。綦毋，复姓。一说为唐右补阙毋旻，金陵本《本草纲目·果部第三十二卷之四》有载。

[7] 印：疑为"功"之误写。《大唐新语》原文作"归功"。

后序

　　史内所载，茶宜精行修德之人，非谓精行修德之人始茶，而精行修德之人，领略有不同，寄兴略别也。先君子①过四十，即无心仕进，至耄②惟日把一编，各家书史无不览。倦则熟眠一觉，起呼童子，问苦节君③，滤水，视候烹点。啜两三瓯，习习清风又读书，日如是者再。尝曰："人一日不了过，吾过两日也。"间仿行白香山社事④，必携茶具，诸老父议论风生，先君子则左持册，右执素瓷，下一榻，且卧且听之。又尝谓："黄卷、黑甜⑤、清泉，是吾三癖。"贮水罂满屋，客有知味者，不惮躬亲，烟隐隐从竹外来，辄诵"纱帽笼头自煎吃"之句。

【注释】

① 先君子：先父。

② 耄：年老，八九十岁的年纪。

③ 苦节君：一种茶具的名字，即用湘竹做的风炉，盛行于宋代。

④ 间仿行白香山社事：偶尔效仿白香山社聚会行事。白香山社，明代的文人社团。

⑤ 黑甜：酣睡。

是编也，亦言其大凡而已。山水卉木，时有变化，而臧否因之。即耳目有未逮，宁阙勿疑，此史之所由名也。

嗟乎！天下之灵木瑞草、名泉大川，幸而为笃学好古者所赏识，而不幸以堙没不传者，又何可胜道哉！不孝⑥世务渐靡⑦，忧从中来，每得先君子一杯茶，则神融气平，如坐松风竹月之下，亦可以见先君子之斸烦涤虑、别有得于性情也。

手抄《廿一史略》《古今要言笺释》、《华严》、《金刚》各经，每种约尺许，《茶史》特其片脔⑧耳。读父之书，而手泽存焉，歔欷不能竟篇。偶取其断

<hr>

【注释】

⑥ 不孝：这里是作者自称。

⑦ 渐靡：沉浸。

⑧ 片脔：《吕氏春秋·察今》中曾言，"尝一脔肉，而知一镬之味，一鼎之调。"

简残纸，亦皆有关于风化性命之言，又以是知先正
⑨之学问不苟如此。同年陆君咸一，每过从论茗政，
遂宁夫子⑩亦稍稍益以所见，因先谋杀青⑪，其他
书次第梓行⑫，庶几使观览者想见先君子之为人焉。
男谦吉识。

【注释】
---

⑨ 先正：先辈。

⑩ 遂宁夫子：指李仙根，字子静，号南津，四川遂宁人。为《茶史》作序。

⑪ 杀青：书籍定稿。

⑫ 梓行：刻版印行。

图书在版编目（CIP）数据

茶史 /（清）刘源长著；王方注译. -- 武汉：崇文书局，2018.9（2024.5重印）

（雅趣小书 / 鲁小俊主编）

ISBN 978-7-5403-5093-2

Ⅰ.①茶… Ⅱ.①刘… ②王… Ⅲ.①茶文化 - 文化史 - 中国 Ⅳ.①TS971.21

中国版本图书馆CIP数据核字(2018)第209189号

雅趣小书：茶史

图书策划	刘 丹	
责任编辑	程可嘉	
装帧设计	刘嘉鹏　ePol design	
出版发行	长江出版传媒 Changjiang Publishing & Media　崇文书局 Chongwen Publishing House	
业务电话	027-87679105	
印　刷	湖北画中画印刷有限公司	
版　次	2018年9月第1版	
印　次	2024年5月第2次印刷	
开　本	880*1230　1/32	
字　数	180千字	
印　张	6.25	
定　价	39.80元	

本书如有印装质量问题，可向承印厂调换